INHALT

REDEAKTE

BEI ERWERBUNG DER AKADEMISCHEN GRADE AN DER UNIVERSITÄT LEIPZIG IM 15. JAHRHUNDERT

AUS HANDSCHRIFTEN
DER LEIPZIGER UNIVERSITÄTSBIBLIOTHEK

HERAUSGEGEBEN VON

GEORG BUCHWALD UND THEO HERRLE

DES XXXVI. BANDES
DER ABHANDLUNGEN DER PHILOLOGISCH-HISTORISCHEN KLASSE
DER SÄCHSISCHEN AKADEMIE DER WISSENSCHAFTEN

N° V

Springer Fachmedien Wiesbaden GmbH
1921

ISBN 978-3-663-15265-1 ISBN 978-3-663-15830-1 (eBook)
DOI 10.1007/978-3-663-15830-1

Vorgetragen für die Abhandlungen am 2. Februar 1918.
Das Manuskript eingeliefert am 25. Juli 1921.
Der letzte Bogen druckfertig erklärt am 17. Oktober 1921.

Vorwort.

Bei der Durchforschung mittelalterlicher Predigtbände der Universitätsbibliothek zu Leipzig stieß der erstere der Unterzeichneten auf zahlreiche Reden, die bei Universitätsakten gehalten worden sind. Hierdurch wurde er veranlaßt, auch in anderen Bänden nach weiterem Material zu suchen. So entstand allmählich eine Sammlung von Universitätsreden, die ein Stück des mittelalterlichen Universitätslebens beleuchten. Da derartiges Material bisher nur in ganz geringem Umfange ans Licht gezogen worden ist, erschien es als wünschenswert, wenigstens etwas davon zu veröffentlichen. Die Auswahl war nach dem Gange des akademischen Weges vom baccalarius artium hinüber zum Kursisten und dann hinauf zum magister in theologia zu treffen. Hierzu waren Rektoratsreden der geschichtlichen Folge in der Amtsführung des Einzelnen entsprechend als ein besonderes Stück hinzuzufügen.

Die Veröffentlichung setzte die gründliche Durcharbeitung vom philologischen Standpunkte, insbesondere auch den Nachweis der unendlich vielen Zitate voraus. Der andere der Unterzeichneten erklärte sich bereit, diesen Teil der Arbeit zu übernehmen. Der Weltkrieg hat sie lange unterbrochen. Nach der Rückkehr aus dem Felde konnte er sie wieder aufnehmen und vollenden.

So übergeben wir gemeinsam die Arbeit der Öffentlichkeit. Jeder von uns behauptet ehrlich und aufrichtig, daß der andre den schwierigeren Teil zu leisten gehabt hat. Unser gemeinsamer Wunsch ist, daß die Veröffentlichung zu weiterer Arbeit auf diesem Gebiete anregen möchte. Wir danken der Sächsischen Akademie der Wissenschaften zu Leipzig, daß sie die Veröffentlichung durch Aufnahme in ihre Schriften ermöglicht hat.

Rochlitz und Leipzig, im November 1919.

Georg Buchwald. Theo Herrle.

Inhalt.

REDEAKTE

BEI ERWERBUNG DER AKADEMISCHEN GRADE AN DER UNIVERSITÄT LEIPZIG IM 15. JAHRHUNDERT

AUS HANDSCHRIFTEN
DER LEIPZIGER UNIVERSITÄTSBIBLIOTHEK

HERAUSGEGEBEN VON

GEORG BUCHWALD UND THEO HERRLE

Einleitung.

In den „Beiträgen zur Geschichte der Universität Leipzig im fünfzehnten Jahrhundert" (Leipzig 1909) behandelt Rudolf Helssig „die wissenschaftlichen Vorbedingungen für Baccalaureat in artibus und Magisterium im ersten Jahrhundert der Universität". Er will an einigen aus jener Zeit erhaltenen Beispielen zeigen, daß die Praxis mit den „Einrichtungen, die im ersten Jahrhundert der Leipziger Universität innerhalb der Facultas artium bestanden haben", übereinstimmt.

Eine ähnliche Absicht verfolgt die vorliegende Veröffentlichung. Wir wissen aus den Statutenbüchern, daß die Promotionen von längeren Redeakten begleitet zu werden pflegten. Mehrfach ist bereits auf das Vorhandensein solcher hingewiesen worden.[1])

Nicht über sämtliche Redeakte geben uns die Leipziger Statutenbücher Auskunft. So fehlen z. B. dahingehende Bestimmungen bei der Erteilung des Magisteriums in der Facultas artium.[2]) Es muß mithin erwünscht und wertvoll sein, nicht nur die bestehenden Bestimmungen durch praktische Beispiele illustriert zu sehen, sondern auch, wo erstere fehlen, zu erkennen, in welcher Weise die betreffenden Redeakte sich abspielten.

Bei der nur gegenüber der Geduld des Mittelalters im Zuhören erklärbaren und begreiflichen Umfänglichkeit jener lateinischen Reden kann es sich nur um die Mitteilung je eines Beispiels handeln, und zwar soll der Gang von der Erwerbung des Baccalaureats in artibus bis zu der der theologischen Doktorwürde gezeigt werden. Trotzdem aber erscheint es, besonders auch im Interesse der Personalforschung, geboten, eine Übersicht über die uns in Handschriften der Leipziger Universitätsbibliothek erhaltenen derartigen Redeakte aus dem 15. Jahrhundert, soweit sie ausfindig gemacht werden konnten, zu geben. Ihre Zahl ist eine überraschend große.[3])

I. Determinatio baccalariandi.

Der in der Baccalariatsprüfung zur Erwerbung der Baccalariatswürde zugelassene Kandidat hatte alsbald zur Determination zu schreiten, die mit der Promotion verbunden war. Die Bestimmungen über die Wahl des Promotors wurden mehrfach geändert. Seit dem Wintersemester 1461 blieb dem Baccalarianden die Wahl seines Promotors überlassen; er war aber gebunden, dazu einen Magister actu regens seiner Nation zu wählen.[4])

---

1) A. Thorbecke, Die älteste Zeit der Universität Heidelberg 1386—1449. Heidelb. 1886. S. 78*. Anm. 236 (Palat. Bibl. in Rom; z. B. Katalog Nr. 370 S. 101). Ad. Franz, Der Magister Nikolaus Magni de Jawor. Freib. i. Br. 1898. S. 27 (Cod. theol. 583 fol. und 525 fol. Kgl. Bibl. Berlin). H. Hermelink, Die theologische Fakultät in Tübingen vor der Reformation 1477—1534. Tübingen 1906. S. 35 (Ms. 201 Tübinger Universitätsbibl.). Fr. Zarncke, Die urkundlichen Quellen zur Geschichte der Univ. Leipzig in den ersten 150 Jahren ihres Bestehens. Leipzig 1857, registriert vielfach solche Redeakte aus dem Leipziger Universitätsbetrieb. H. Keussen, Regesten u. Auszüge zur Geschichte der Universität Köln 1388—1559. Mitteil. aus dem Stadtarchiv von Köln 1918. Heft 36/37 S. IX. 2) Die Matrikel der Universität Leipzig. Herausgeg. von Georg Erler. II S. LIX. 3) E. Schwabe, Das Gelehrtenschulwesen Kursachsens 1914, S. 18, vermutet also richtig zu geringe Ausnutzung des Aktenmaterials. 4) Erler S. LIV.

Der unten abgedruckte Redeakt ist von Johannes Kleine bereits während seiner Greifswalder Tätigkeit gehalten worden[1]), und zwar bei der Determination von vier Baccalarianden. Er wiederholte ihn, den Plural der Anrede in den Singular ändernd, bei der am 26. Februar 1474 erfolgten Promotion des Nikolaus Seler de Lembergk, der wie Kleine der natio Polonorum angehörte.

Über den Hergang der Promotion selbst enthalten nur die Prager Statuten genaue Bestimmungen. Darnach „hatte sich der Kandidat in die Reihen der Schüler zu setzen und hier sitzend auf eine These (sophisma) zu respondieren, die ihm der Promotor, der dem Akte präsidierte, vorlegte. Nach dieser Responsion, auf die der Magister nicht erwiderte, forderte der Pedell den Kandidaten auf, das Gewand der Baccalare anzutun und auf der Bank der Baccalare Platz zu nehmen. Nun legte ihm der Magister eine Quästio vor, und, nachdem er sie determiniert, d. h. durch Bestimmung der Begriffe gelöst und die vorgeschriebenen Eide geleistet hatte, erteilte ihm der präsidierende Magister den Grad mit einer Ansprache.“[2])

Ganz dem entsprechend werden hier den Baccalarianden Sophismata und Quaestiones vorgelegt. Dann folgt die Ansprache, die recommendatio baccalariandorum, der ein Wort aus Aristoteles zugrunde gelegt wird. Die gratiarum actio bildet den Schluß (sie wird angekündigt, ist aber hier, wohl wegen ihrer Formelhaftigkeit, weggelassen). Hiernach wird der gradus baccalariatus erteilt.

Übrigens konnte eine recommendatio baccalariandorum auch mutatis mutandis als recommendatio magistrandorum verwandt werden (vgl. unten S. 9 Handschrift Nr. 158 Bl. 199^b—201^b).

II. Die Erteilung der Licentia magistrandi.

Nachdem der zu der Erwerbung zugelassene Baccalarius das vorgeschriebene Examen[3]) und den Eid geleistet hatte, daß „er binnen Jahresfrist die Magisterwürde erwerben (incipere), daß er nicht eher die hierzu notwendigen Bedingungen erfüllen werde, als bis er die Erlaubnis von der Fakultät erbeten und erhalten habe, endlich daß er der Recommendation der Licentiaten nicht fern bleiben werde“,[4]) erfolgte die förmliche Erteilung der Licentia durch den Vizekanzler der Universität. An diese schloß sich ein Redeakt des Rekommendators an. Als solcher hatte der Rektor der Universität zu fungieren, falls er Mitglied der Artistenfakultät war. Gehörte er einer anderen Fakultät an, so trat an seine Stelle der Dekan der Artisten.[5])

Diese Bestimmungen sind bei unserem Beispiel vollständig erfüllt. Es handelt sich um die am 28. Dezember 1474 vollzogene Magisterpromotion.[6]) Der Vizekanzler Johannes Reinhart hat seines Amtes gewaltet. Nach seiner Rede, die vermutlich nur eine kurze Form darstellte, ergreift der Rekommendator, der Rektor Johannes Kleine, Mitglied der Artistenfakultät, das Wort. Dreierlei hat er zu tun, um den Akt weiter zu führen und zu vollenden. Erstens hat er die Licentiaten eine Stelle aus Aristoteles lesen und erklären und im Anschluß daran eine ihnen vorgelegte Frage beantworten zu lassen. Er begnügt sich damit, aus der Zahl der elf Licentiaten vier auszuwählen, und läßt den Anfang der Metaphysik, der Ethik, der Philosophia naturalis und der Logik lesen und erklären. Die angefügten Fragen sind nicht verzeichnet. Sodann folgt die Recommendatio. Der Redner vergleicht jeden der Licentiaten zuerst mit einem Stein und dann mit einem Philosophen. Auffällig ist, daß in der Rede auf sechzehn Licentiaten Bezug genommen wird, wäh-

1) Dort war er 1466 Dekan in der Facultas artium (Kosegarten, Geschichte der Universität Greifswald II 210. 212). 2) Kaufmann, Die Geschichte der deutschen Universitäten II 307. 3) Bestehend im tentamen und examen. Wertvolle Aufzeichnungen über ein solches im Jahre 1505 (Erler II S. 409) und eins im Jahre 1511 (a. a. O. S. 460), gehalten von Magnus Hund, finden sich in den Handschriften b und G der Fürst-Georg-Bibliothek zu Dessau. 4) Erler S. LVIII. 5) Erler. 6) Erler S. 241.

rend es sich nur um elf handelt. Möglich ist, daß Kleine dieselbe Rede schon bei der Rekommendation von sechzehn Licentiaten gehalten hatte. Aber die Zahl sechzehn kommt in der hier in Betracht zu ziehenden Zeit nur im Wintersemester 1472/73 vor, und in diesem war Rektor Heinrich Thieme aus der Artistenfakultät, Artistendekan aber Johannes Spieß. Oder sollte Kleine skrupellos eine fremde Rede übernommen haben? Mit einer Danksagung an die dem Akte Beiwohnenden schließt die Rede.

III. Die Inceptio.

Noch fehlte dem Magistranden der Schmuck der Insignia magistralia und der Magistertitel. Diese wurden ihm in einem besonderen Redeakt zuteil. „War von der Fakultät gegen die Verleihung des Titels nichts eingewendet worden und hatte der Licentiat oder Magistrand die Erlaubnis zur Erledigung des hierfür notwendigen rednerischen Aktes (inceptio) erhalten, so mußte er sich zunächst eidlich verpflichten, zwei Jahre lang in Leipzig zu bleiben und zu disputieren, den Grad nicht auf einer anderen Hochschule von neuem zu erwerben, die Statuten zu beobachten und das Wohl der Universität und Fakultät nach Kräften zu fördern.[1]) Er durfte sich selbst aus seiner Nation einen Magister wählen, unter dem er die Inceptio beging und der ihm die Insignien überreichte.[2])

Vorschriften über den Gang dieser Feierlichkeit finden wir nirgends in den Statuten.[3]) Um so wertvoller ist es, daß wir ein Beispiel einer solchen Feier vor uns haben. Darnach vollzog sich der Akt in folgender Weise. Der mit der Leitung desselben betraute Magister legte zuerst dem Inceptor eine Frage zur Determination vor. Es folgte die kurze recommendatio des Licentiaten nebst der Überreichung der Insignien. Diese schloß mit der Kreierung des Magistranden zum magister in artibus liberalibus et in tota philosophia. Hierauf folgte die prima lectio magistralis des novellus magister. Die Danksagung des leitenden Magisters bildete den Schluß.

Von besonderem Interesse ist die Überreichung der Insignien[4]) und deren Deutung, die wir auch nach einem zweiten Beispiel zu geben in der Lage sind. Die Insignien sind das Barett, der Ring, das geschlossene und das offene Buch. Das aus Schafwolle gewebte, faltenlose und gerade Barett ist das Zeichen dafür, daß der Magister opere simplex et doctrina rectus, nach der zweiten Rede humilis in docendo sein soll. Der goldene Ring ist das Zeichen der Vermählung mit der Philosophie. Er mahnt zur Treue: der Magister soll treulich tun, was ihn die Philosophie gelehrt hat. Ohne Anfang und Ende deutet der Ring die Ewigkeit, die Beständigkeit der Arbeit und Übung an. Der Ring wird an den vierten Finger gesteckt, in dem die Vene des Herzens sein soll, zum Zeichen, daß der Magister Herzensreinheit und Lebenslauterkeit lieben soll. Das geschlossene Buch deutet an, daß der Magister vor den Lästerern der Philosophie deren Lehre verschlossen halten, daß er aber auch selbst forschen soll. Nach der zweiten Rede ist es dem Magister eine Mahnung, in seinen Worten sich dem Verständnis seiner Zuhörer anzupassen. Das offene Buch soll ihn warnen vor frevelhafter Einbildung und zu großem Vertrauen auf das eigene ingenium, ihn mahnen, in zweifelhaften Dingen sich an Autoritäten zu halten und endlich die Geheimnisse der Philosophie vor lernbegierigen Schülern zu entfalten zur Ehre Gottes.

Beide Reden sind von Johannes Kleine aufgezeichnet, aber undatiert.

IV. Das principium in cursum.

Die für die theologischen Promotionen geltenden Bestimmungen der Statuten sind zusammengestellt bei Erler, a. a. O. S. XVff. Der ad cursum Zugelassene be-

1) Erler S. LVIII f. 2) Vgl. hierzu S. LIX. 3) S. LIX; vgl. Kaufmann II S. 313. 4) Vgl. Kaufmann II S. 323.

gann seine Tätigkeit mit dem sog. Principium in cursum. Wir wählen als Beispiel das von Stephan von Prettin gehaltene Principium, erstens, weil wir weiter unten auch die bei seiner Doktorpromotion gehaltenen Redeakte mitzuteilen in der Lage sind, zweitens, weil sein Principium bedenkenlos in der Hauptsache das von Hermann von Altdorff gehaltene Principium wiederholt, dieses aber das älteste ist, das aus dem Leipziger Universitätsbetriebe uns vorliegt. Stephan von Prettin wurde am 26. Juni 1431 ad sententias zugelassen.[1]) Da zwischen dem Principium ad cursum und dem in sententias drei Jahre liegen mußten[2]), haben wir sein Principium ad cursum spätestens in das Jahr 1427 (zwischen 17. September und 16. Oktober[3])) anzusetzen. Dasselbe besteht aus den (bei den Prinzipien ständigen) drei Teilen: divini nominis invocatio, sacrae theologiae recommendatio und gratiarum actio.

V. Die Principia in sententias.

Nachdem der Kursist seine zweijährige Lehrtätigkeit beendet hatte, bereitete er sich ein Jahr lang auf die Vorlesung über die vier Bücher der Sentenzen des Petrus Lombardus vor. Nach Erfüllung der statutarischen Vorbedingungen[4]) hatte er seine Tätigkeit als sententiarius zwischen St. Lambert (17. September) und St. Gallus (16. Oktober) zu beginnen. Nur mit Genehmigung der Fakultät konnte er den Beginn aufschieben.[5]) Bestimmungen über die bei dem Beginn zu beobachtenden Formalitäten fehlen in den Statuten. Aber die Bemerkung bei Kaufmann, a. a. O. II. 200: „Jedes Buch der Sentenzen war mit einem Prinzipium zu eröffnen, einem feierlichen, an bestimmte Formen gebundenen Vortrag, der in eine Disputation auslief", trifft im allgemeinen zu. Dahingegen bestätigt sich das bei Hermelink, a. a. O. S. 33, Gesagte nicht, daß das Prinzipium „eine Eröffnungsvorlesung über den Gesamtinhalt des Buchs" darstelle.

Der Hergang der einzelnen Redeakte ergibt sich genau aus dem unten Abgedruckten. Es sind die Principia des schon wiederholt genannten Johannes Kleine gewählt. Dieser war in der zweiten Hälfte des Jahres 1470 ad cursum zugelassen worden und hielt das Principium in cursum zwischen dem 17. September und 16. Oktober 1470.[6]) Am 30. Juni 1473 wurde er ad sententias zugelassen. Er begann und vollendete die Vorlesung über das erste Buch und begann die über das zweite unter dem Dekanat des Johannes Kappentantz (Wintersemester 1474/75). Dabei benutzte er von neuem sein Principium in cursum.

Das Principium in primum librum sententiarum bestand iuxta consuetudinem in vier Stücken. Der imploratio divini auxilii folgte eine recommendatio der Theologie — erst im allgemeinen, dann in besonderer Beziehung auf die Sentenzen. Daran schloß sich die Determination einer in Beziehung zu dem ersten Buche stehenden quaestio und die Erwiderung auf die Konklusionen zweier konkurrierenden Sententiarien. Eine Danksagung bildete den Schluß. Genau so verlief das Principium in secundum librum. Die recommendatio ist eine genaue Wiederholung der in dem ersten Principium sich findenden. Die behandelte quaestio steht in Beziehung zu dem Inhalt des zweiten Buches. Das Principium in tertium librum unterscheidet sich in seiner Gestaltung nur dadurch von den vorhergehenden, daß der Determination der quaestio eine feierliche Erklärung vorangeht, daß der Baccalarius weder jetzt noch in Zukunft die Absicht habe, irgend etwas zu behaupten, was der Kirchenlehre nicht entspricht; sollte dies aber versehentlich geschehen, so revoziere er bereits im voraus. Das Principium in quartum librum enthält genau die Stücke wie das erste und zweite Buch.

1) Erler S. 2. 2) S. XVI f. 3) S. XV. 4) S. XVII. 5) Zarncke, Statuten S. 552, 5 ff. 6) Vgl. die Übersicht über die Handschrift Nr. 158 (Bl. 1 ff.), S. 9.

Auch der Schluß der Vorlesungen über die Sentenzen erfolgte in einem besonderen Redeakt, der Conclusio. Dabei gab der Redner zunächst eine Erklärung des Epilogus der Sentenzen[1]), dann die declaratio einer quaestio, weiter die Erwiderung der Conclusionen der konkurrierenden Magister und schloß endlich mit einer Danksagung.

VI. Die Licentia und das Magisterium in theologia.

Über die Feierlichkeiten, mit denen die Erwerbung der Licentia und das Magisterium in theologia verbunden war, sind wir durch die Statuten genau unterrichtet.[2])

Nachdem der Sententiarius seine Vorlesungen über die Sentenzen vollendet hatte, widmete er sich zwei Jahre lang der Vorbereitung auf die Licentia: 'disputationes et lectiones magistrorum diligenter visitabit et quolibet anno ad minus semel respondebit; tenetur etiam doctores diligenter perlegere.'[3]) Waren diese Bedingungen erfüllt, so wurde auf seine Bitte eine congregatio omnium magistrorum regentium berufen, die seine Bitte um die Promotion entgegennahm. Diese Versammlung, an der der 'magister suus', unter dessen Leitung der baccalarius formatus gestanden hatte, nicht teilnehmen durfte, hatte mit Stimmeneinheit über die Zulassung zu entscheiden. Wurde diese genehmigt, so wandten sich die magistri regentes an den Kanzler der Universität, den Bischof von Merseburg, mit der Bitte, einem der magistri regentes der Fakultät die Promotion zu übertragen.[4])

War auch dies erledigt, so hatte der zur Licentia Präsentierte den vorgeschriebenen Eid zu leisten, in dem er sich zum Gehorsam gegen die römische Kirche, zur Ehrerbietung gegen die magistri in theologia und zur Förderung des Friedens unter den Magistern verpflichtete und versprach, die Licenz nicht zu wiederholen noch an einer anderen Universität „das Barett zu erwerben", auch innerhalb eines Jahres die Licentia und innerhalb eines weiteren Jahres die insignia pro magisterio in theologia zu empfangen, falls für diese zeitlichen Bestimmungen die Fakultät nicht Dispens gewährte.[5])

Der Magister, dem die Promotion übertragen worden war, der 'commissarius', veranstaltete eine collatio pro recommendatione licentiandi, an deren Schlusse der Licentiant niederkniete und der Promotor erklärte: 'Auctoritate omnipotentis dei et sedis apostolicae mihi concessa et per dominum cancellarium mihi nunc commissa do tibi N. licentiam incipiendi in theologia et magisterium in ea capiendi et demum actus ad magisterium in theologia faciendi pertinentes, postquam solempnitates feceritis ad hoc requisitas. In nomine patris et filii et spiritus sancti. Amen.'[6])

Diese Solemnitäten bestanden in den Vesperiae, in der Aula und in der Resumpta.

Die Vesperiae vollzogen sich in folgender Weise. Der magister tenens vesperias disputierte über ein quaestio, auf die einer der Baccalare respondierte, dem der präsidierende Magister opponierte. Dann opponierten alle Baccalare der Reihe nach. Nachdem sie ihre Argumente vorgebracht hatten, wurde respondiert, aber nur auf das Argument des ältesten Baccalars. Darauf legte der Senior der magistri actu regentes eine zweite quaestio vor mit Erörterung von Gründen und Gegengründen. Der Vesperiand hatte die quaestio sodann zu determinieren. Der Magister erwiderte auf einiges des Gesagten und darauf der nächstälteste Magister auf anderes, was sein Vorredner unberührt gelassen hatte. Eine recommendatio vesperiandi durch den magister vesperias tenens beschloß den Akt.[7]) Der Ort der vesperiae war das lectorium ordinariarum disputationum.[8])

---

1) Zarncke, Quellen usw. S. 729, hält dieses Stück für eine selbständige disputatio de pedibus. 2) Vgl. zum Folgenden auch Thorbecke S. 113 ff. Kaufmann II 282 ff. Hermelink S. 35 f. 3) Zarncke, Stat. S. 553, 6 ff. 4) S. 553, 9 ff. 5) S. 553, 21 ff. 6) S. 554, 8 ff. 7) S. 554, 15 ff. 8) S. 563, 1 ff.

Als Beispiel dieses Aktes teilen wir die Vesperien des Magisters Stephan von Prettin[1]) mit, gehalten Freitag, den 26. August 1440. Als magister tenens vesperias fungierte Johannes Weicker von Römhild.[2]) Der Akt verläuft ganz in der in den Statuten vorgezeichneten Ordnung. Nicht alles, was dabei geredet worden ist, ist aufgezeichnet. Es liegt uns nur vor der erste Teil, die 'quaestio pro honore domini licentiati et vesperiandi disputata' — es ergibt sich aus der Aufzeichnung, daß diese quaestio nebst Konklusionen und Korrolarien von dem Vesperianden aufgestellt wurde — und die recommendatio. Es fehlt die Verhandlung über die erste quaestio, die Angabe der zweiten quaestio und die anschließende Disputation.

Mehr Interesse als dieses erste Stück der Vesperien hat für uns die recommendatio. Wir entnehmen derselben, daß die Aula für den folgenden Dienstag, 30. August, früh sieben Uhr in der Nikolaikirche anberaumt war.[3]) Der Redner geht mehrfach auf die Person des Vesperianden ein. Wir hören von seiner harten, entbehrungsreichen Jugend; wir erfahren, daß er vorzeitig die Weihen, auch die zum Presbyter, empfing und mehrere Jahre an verschiedenen Orten predigte[4]), dann aber vom apostolischen Stuhle Dispens erlangte. Nachdem er in Leipzig immatrikuliert (W 1422/23) worden war und die Magisterwürde erlangt hatte (W 1425/26), wurde er zweimal Dekan der Artistenfakultät (S. 1430, S. 1432). Vorschriftsmäßig hatte er seinen Kursus erledigt und dann über die Sentenzen gelesen (admissus 26. Juni 1431). Der Redner sagt, daß der Vesperiand tertio nunc medio anno et citra elapsis die Licenz erlangt habe. Das soll wohl heißen: vor reichlich drei Semestern (nicht: vor reichlich dreiundeinhalb Jahren), also im Wintersemester 1438/39.[5]) Die im Eingang der Rede für den Schluß angekündigte gratiarum actio fehlt.

Die Aula vollzog sich in folgender Ordnung[6]): Der Aulandus hatte knieend Ehrerbietung gegen die Magister zu schwören, 'et quod fidele testimonium perhibeat de promovendis, item quod bonum universitatis et facultatis theologicae, ad quemcunque statum devenerit, procurabit.' Außerdem mußte er sich verpflichten, die beiden folgenden Jahre in Leipzig Vorlesungen zu halten.[7]) Darauf setzte ihm der magister suus (vgl. oben) das Barett auf mit den Worten: 'Incipiatis in nomine patris et filii et spiritus sancti. Amen.' Sofort hielt der eben kreierte Magister eine recommendatio sacrae scripturae. Hierauf legte ihm ein beliebiger Magister eine quaestio zur Disputation vor. Einer der älteren Magister respondierte, dem der neue Magister und der magister suus erwiderten. Dann erhob sich einer der älteren magistri actu regentes und legte eine zweite quaestio mit Erörterung von Gründen und Gegengründen vor, der einer der jüngeren Magister respondierte, „worauf wieder mehrere Replikationen folgten. Dann nahm ein dritter Magister dieselbe These auf, vertrat die entgegengesetzte Auffassung und begründete sie durch andere Deutung der Begriffe. Dann erhob sich der Magister, der die These aufgestellt hatte, und bewies, daß der Vorredner unrecht habe."

Dem entspricht der uns vorliegende Redeakt bei der Aula Stephans von Prettin. Es werden vom Redner drei Stücke angekündigt: die recommendatio sacrae

---

1) Vgl. oben S. 6. 2) Vgl. Brieger, Die theologischen Promotionen auf der Universität Leipzig 1428—1539. Leipzig 1890. S. 61^{b}. Sermone von ihm Leipz. Universitätsbibl. Nr. 865, 212 ff. 267 ff. 278 ff. Seine Vesperien (4. November 1435) Nr. 866, 249 ff. Seine Aula (8. Nov. 1435) Nr. 866, 251 ff. — In der „Festschrift zur Feier des 500jährigen Bestehens der Univ. Leipzig." 1. Bd. S. 10 230 fälschlich Meister genannt. 3) Auch in sämtlichen andern uns vorliegenden Fällen (in Nr. 866) fanden die Vesperien Freitags, die Aula Dienstags statt (Johannes Weicker 4. und 8. Nov. 1435; Burkhard Plotz 12. und 16. Sept. 1438; Christoph de Holmis 8. und 12. Aug. 1438; Johannes Kune Vesp. 20. Sept. 1441). In der Signatur A finden wir für die Aula den Montag 1512, den Dienstag 1445, 1483 und 1523, den Mittwoch 1483, 1536, 1538, 1543, 1551 und 1558, den Donnertag 1503. 4) Non ex praesumptione, sed potius compulsus necessitate. Vgl. Franz, Die Messe im deutschen Mittelalter. 1902. S. 293 f. 5) Ähnliche Fälle eines längeren Zwischenraumes bei Brieger S. X. 6) Zarncke, Stat. S. 554, 27 ff. 7) S. 556, 19 f.

scripturae, die Disputation einer Quaestio und die Danksagung. Aufgezeichnet ist nur die recommendatio. Stephan wählte sich dazu dasselbe Thema wie bei seinem Principium in cursum.[1])

Die letzte Pflicht, die der neue magister in theologia zu erfüllen hatte, ehe er als actu regens angesehen und zu dem consilium facultatis zugelassen wurde[2]), war die Abhaltung der disputatio de resumpta. In der ersten Lektion, die er nach seiner Promotion hielt, hatte er eine der in seiner Aula behandelten Quästionen zu disputieren (daher der Name resumpta).[3])

Die uns vorliegende Resumpta kündigt drei Stücke an: erstens die recommendatio der materia epistolarum Pauli, über die der Magister zu lesen gedenkt, zweitens die Disputation, drittens die Danksagung. Stephan hat die Absicht, mit der Behandlung des Römerbriefs zu beginnen. An die Stelle der ersten Vorlesung über denselben tritt aber die Disputation der in der Aula behandelten quaestio — die wir hier nur kennen lernen —: 'Utrum ex ministri malicia impediatur sacramenti baptismatis efficacia?' Die angekündigte Danksagung ist nicht aufgezeichnet.

Handschriften der Leipziger Universitätsbibliothek,

in denen sich Reden bei Promotionsfeiern finden.

Nr. 158.

Beschrieben bei Zarncke, Die urkundlichen Quellen zur Geschichte der Universität Leipzig in den ersten 150 Jahren ihres Bestehens. 1857 S. 729 f. Legat des M. Johannes Clene de Lobaw.[4])

Bl. 1ª—6ᵇ. 12ᵇ: Principium in cursum.[5]) — In der gratiarum actio Bl. 12ᵇ: Singulariter regracior honorabili domino et magistro Andreae de Gorlicz[6]), sacre theologie professori, qui me prae ceteris singularibus fauoribus respiciens meis non praeviis meritis sub alis sue paterne dileccionis benignissime suscepit. Deinde regracior Egregiis viris vtriusque iuris et medicine doctoribus, dominis et parentibus meis plurimum venerandis. Regracior honorabili viro Magistro Johanni de Adrof.[7]) — Bl. 13ª—16ª. 17ª—19ᵇ. Principium in primum sentenciarum.[8]) — Bl. 20ᵇ—21ᵇ. Rectoratus assumpcio.[9]) — Bl. 25ª—30ᵇ. Principium in secundum sentenciarum. — Bl. 31ª—33ª. Principium in tercium sentenciarum. — Bl. 41ª—43ᵇ. Principium in quartum sentenciarum. — Bl. 51ª—51ᵇ. Conclusio librorum sentenciarum. — Bl. 148ª—155ᵇ. Recommendatio magistrandorum.[10]) — Bl. 156ª—158ª. Recommendacio licenciati nouelli magistri pulcherrima. — Bl. 161ᵇ—163ᵇ. Recommendatio novi rectoris.[11]) — Bl. 172ª—177ª. Recommendatio magistrandorum. Z. T. ganz wörtlich wie oben Bl. 148ª ff. Vor allem die Vorlegung von Fragen am Eingang. — Bl. 178ª—178ᵇ. Ein Stück aus einer recommendacio nouelli magistri. — Bl. 184ª—185ᵇ. Recommendacio baccalariandorum in grifeswald per me acta. Nur der Anfang. Vgl. das Folgende. — Bl. 193ª—198ª. Recommendacio baccalariandorum iu grifeswald per me ec. Das Vorhergehende hier vollständig. Bl. 198ᵇ—199ª. Recommendacio magistrandorum. Am Ende Überreichung der Insignien mit deren Deutung. — Bl. 199ᵇ—201ᵇ. Recommendacio pro vero baccalario. Am Rande: Etiam pro magistro nouello.

Nr. 865.[12])

Auf der Vorderseite des vorderen Einbanddeckels steht: Sermones ad clerum et recommendaciones in theologia. Auf der Rückseite desselben: Iste liber est facul-

1) Handschr. Nr. 865, 231 ff. 2) Vgl. aber noch Zarncke S. 556, 25 ff. 557, 16 ff. 3) Zarncke S. 555, 19 ff. 4) Brieger, Die theol. Promotionen usw. S. 58ᵇ. 5) Kleine wurde in der 2. Hälfte des Jahres 1470 zum Cursus zugelassen. Da er unter dem Dekanat Johannes Permeters (W 1470) das Principium hielt, so fällt dieses in die Zeit zwischen 17. Sept. und 16. Okt. 1470. 6) Andreas Rudiger Brieger 47ᵇ. 7) Permeter Brieger 55ᵇ. 8) Assumptus ad sententias 30. Juni 1473. Brieger 11. 9) WS 1474. 10) Vgl. Matr. der Univ. Leipzig II 241. Kleine hat diese Recommendatio vorher in Greifswald gehalten. 11) Gehalten von Thomas Werner für den neuen Rektor Johann Kleine (WS 1474). Vgl. unten Handschr. 1478 Bl. 210ª. 12) Auf die Handschriften Nr. 865 und 866 wurde zuerst aufmerksam gemacht von Brieger in den Beiträgen zur Sächsischen Kirchengeschichte XVI 6 13 f. — Sie sind verwertet von Buchwald im Neuen Archiv für Sächs. Gesch. und Altertumskunde XXXV 25 ff. und in der Zeitschrift für Kirchengeschichte XXXVI 62 ff.

tatis theologice, in quo continentur sermones et recommendaciones et aliqua principia in theologia.

1^a—6^a: Principium in cursum in epistolas canonicas Magistri *Hermanni de Altdorff.*[1]) — 6^a—8^b: Principium (ohne Angabe des Namens). — 10^a—12^a: Principium (ohne Angabe des Namens) — 44^a—48^b: Principium Magistri *Johannis Groskop*[2]) in Sentencias. — 105^a—110^a: Collatio M. *Johannis Frankenstein*[3]) (recommendatio licentiandi). — 114^a—118^b: Principium (ohne Angabe des Namens). In der graciarum accio. Bl. 118^b. Post hoc regracior honorabili uiro et magistro *Johanni lobeck*[4]) huius alme vniuersitatis rectori dignissimo qui sua praesencia dignatus est praesentem actum visitare et facultatem theologicam in hoc honorare. De iij. regracior venerabili viro domino et magistro *petro storch*[6]) sacre theologie professori nec non et eiusdem facultatis decano qui me ad ipsius cursum benigne suscepit. Regracior eciam venerabili viro domino et magistro *hermanno schepman* qui me de sua bonitate a multis annis et nunc caritatem dileccionis iudicio multipliciter ostendit et nunc eciam in specialem proteccionem ueluti filium suum adoptatum ut sub alis suis militem paterne suscepit. — 130^b—135^a: Principium Magistri *francisci de legnicz.*[6]) — 139^a—141^a: Sermo fratris *Johannis de Halbirstad* in aula.[7]) — 167^a—170^b: Principium (ohne Angabe des Namens). — 171^a—178^b: Principium M. *N. weygil*[8]) in cursum. — 178^b—183^a: Principium M. *Georius de Cella*[9]) in cursum prophete Ozee. — 190^a—193^a: Principium in Judith (ohne Angabe des Namens). — 193^a—196^a: Principium in Psalmum (ohne Angabe des Namens). — 196^a—197^b: Collatio facta in aula per M. *Andream Weysinstadt*[10]) — 197^b—199^b: Collatio facta in aula per M. *Ieronymum.*[11]) — 209^b—210^b: Collatio doctoris M. *Io. Groskopp* in aula.[12]) — 229^b—231^a: Collatio facta in aula per M. *Czach.*[13]) — 231^a—235^a: Principium M. *Stephani de prettin*[14]) in cursum. — 235^a—238^a: Principium M. *Rueckeri de lutterburg*[15]) in cursum. — 238^a—243^a: Principium Magistri *Johannis Goschicz*[16]) in Cursum. — 246^a—249^a: Principium M. *Placwicz*[17]) in Cursum. — 273^b—278^a: Principium (ohne Angabe des Namens). — 282^b—286^b: Principium in Cursum M. *Peter Cramschriber.*[18]) — 289^b—295^b: Principium in Cursum M. *Procopij de Cladrub.*[19]) —

865. Bl. 273^a—273^b. Am Schlusse des Sermo f. assumpcionis Mariae 1428. Wichtig für die Personalgeschichte.

Carissimi, recommendo praesertim in hac festiuitate praecella vestris deuocionibus Statum vniuersalis ecclesie, videlicet Sanctissimum in christo patrem et dominum dominum *Martinum* diuina prouidencia papam quintum, cum toto cetu cardinalium, patriarcharum, Archiepiscoporum, Episcoporum, Abbatum atque aliorum praelatorum atque omni clero, Oretis, ut dominus deus det ipsis affectum et intellectum regendi et pascendi gregem sibi creditum verbo et exemplo, quatenus cum ipso mereantur ingredi vitam eternam, Et singulariter oretis pro reverendo in christo patre et domino domino *Nicolao* Episcopo Merseburgensi, huius alme vniuersitatis Cancellario bene merito, Necnon pro domino Rectore, omnibus magistris et doctoribus et singulis suppositis cuiuscunque facultatis huius alme vniuersitatis, quatenus dominus deus labores ipsorum et studium ad sui nominis honorem, katholice fidei exaltacionem ac singulorum personarum salutem sciant efficaciter pervenire. Insuper oretis pro serenissimo principe ac domino domino *Sigismundo* Bohemorum, vngarorum ec. et ac romanorum rege cum omnibus ducibus, principibus ac dominis catholicis, quatenus dominus deus det eis auxilium ad conterendum cunctas barbaras naciones et praesertim pestiueram heresim bohemorum, deinde specialiter oretis pro illustrissimo principi et domino, videlicet domino *Friderico* marchione mißne, lantgrauio thuringie ac duce Saxonie atque *Sigismundo* et aliis suis fratribus, huius

---

1) Brieger 54^a. 2) Fehlt bei Brieger. i. W. 1409 m. W. 1409. 3) Fehlt bei Brieger. — Prof. s. theol. assumptus W. 1409. 4) Fehlt bei Brieger. r. W 1421. Hiernach gehört dieses Principium in die Zeit zw. 17. Sept. u. 16. Okt. 1421, oder genau, da L. am 16. Okt. zum Rektor gewählt wurde, auf diesen Tag. 5) Dieser war also im W.-S. 1421/22 Dekan der theol. Fakultät. 6) Fehlt bei Brieger. Ob identisch mit Franciscus Hase al. Voyedorf in Legenicz m. Cracov. i. S. 1424? 7) Fehlt bei Brieger. — Als fr. o. praed. vic. nacionis Mysnae i. S. 1421. 8) Fehlt bei Brieger. i. S. 1414. 9) Fehlt bei Brieger. b. S. 1421. 10) Fehlt bei Brieger. i. W. 1409. 11) Ob Hieronymus Glasser? Brieger 55^a. 12) Fehlt bei Brieger. vgl. oben 13) Brieger 62^b. 14) Brieger 71^a. 1431 Sent. 15) Brieger 70^a. 1432 Lic. 16) Fehlt bei Brieger. i. S. 1425. 17) Fehlt bei Brieger. i. S. 1415. 18) Fehlt bei Brieger. i. W. 1417. 19) Brieger 70^a. Curs. 1429.

alme vniuersitatis fundatoribus magnificis ac pro domina nostra ducissa cum omnibus eorum subditis, quatenus ab omni inpugnacione sint domino protectore securi. Consequenter recommendo vobis generaliter animas omnium fidelium defunctorum et singulariter animam illustrissimi principis Et domini *friderici*, quondam marchionis misne, langgrauii thuringie ac saxonie ducis necnon domini *Wilhelmi* eius germani, Magnificorum huius alme vniuersitatis fundatorum et eciam animas omnium suppositorum de hac vniuersitate defunctorum, scilicet animam Magistri *Johannis monsterberg*[1]), *Andree schoer*[2]) et *andrea de broda*[3]), sacre theologie professorum, Animam magistri *hermanni de thorga*[4]), in sacra theologia licenciati, et magistri *vincencii* de *czwicko*[5]) sacre theologie baccalario, animam magistri *luberti* de *ochschonbruge*[6]) medicine doctoris ac animam magistri *Johannis hildensis*[7]), magistri *Johannis Hamen*[8]) in medicina baccalarii, magistri *petri buchner*[9]) de *nuremberga*, Oretis, quatenus per meritum passionis domini nostri ihesu christi ad eterne beatitudinis consorcium valeant feliciter pervenire. Tandem recommendo me oracionibus vestris propter retribucionem. Oremus ergo pro inuicem, ut saluemur. Gracia domini nostri ihesu christi sit semper cum omnibus uobis. Amen.

Nr. 866.

Der Einband trägt den Titel: Sermones et questiones necnon collationes quedam theologice facultatis. Bl. 242: Incipitur liber questionum facultatis theologice.

242ª—244ª: Vtrum ad veram resurrexionem corporum hominum exigitur resumpcio omnium parcium que sunt de veritate nature.[10]) — 244ª—246ᵇ: In aula Magistri *procopij de cladrub*[11]) Anno domini 1434. — 246ᵇ—249ª: Sequitur de resumpta questio disputata. Vtrum in resurreccione generali omnes homines tam electi quam mali resurgent in etate perfecta et virili. — 249ª—251ᵇ: Mʳ *Johannes weycker*[12]) in vesperijs anno domini M⁰ cccc. 35. 4. die mensis nouemb. Vtrum baptisma sacrum inprimendo caracterem in anima spiritualem ac delens culpam et penam possit ministrari efficaciter ab heretico uel infideli. — 251ᵇ—253ª: In Aula eiusdem 1435. die 8. mensis nouembris. — 253ª—255ᵇ: In vesperijs magistri *Cristoferi de holmis*[13]) feria yj. ante laurencij[14]) Anno domini 1438. Vtrum caritas existens virtus theologica de necessitate salutis requiratur, vt deus super omnia diligatur. — 255ᵇ—257ᵇ: In aula eiusdem feria tercia post laurencij.[15]) — 257ᵇ—261ª: In vesperijs magistri *Borchardi plotzen*[16]) feria sexta post natiuitatis marie[17]) Anno domini 1438. — 261ª—263ᵇ: Sequitur recommendacio eiusdem in aula feria tercia post exaltationis crucis[18]) Anno domini 1438. — 263ᵇ—274ª: Sequitur questio disputata per magistrum *Johannem weicker de Roemhilt* in vesperijs pro magistro *stephano de prettin*[19]) Anno domini 1440 vicesimasexta die mensis augusti. Vtrum inter sacramenta noue legis baptismus sit prior ordine et dignitate. — 274ª—278ª: In aula magistri *Stephani de prettin* Anno 1440.[20]) — 278ª—283ª: Sequitur de resumpta eiusdem. — 283ª—287ª: Questio disputata per magistrum *Johannem weicker de Roemhilt* pro magistro *Jacobo sculteti de stargardia.*[21]) Vtrum deus in omni suo opere misericordiam et iusticiam suam simul ostendens principalius sit in tali quolibit opere misericordiam exhibens. — 287ᵇ—293ª: Sequitur in vesperijs magistri *Johannis groβe*[22]) anno 20. 40. Vtrum a solo sacerdote verbis consecracionis rite prolatis facta conuersione seu transsubstanciacione panis in corpus christi maneat substancia panis.

Nr. 1236.

Legat von Johannes Kleine 1490.

Bl. 199ª—204ª. Reden bei Übernahme eines Schulrektorats. Am interessantesten erscheint die zweite. Sie ist vom Rektor gehalten ('ingressurus culturam villicacionis mihi commisse per venerabilem et eximium virum *Conradum peghel*[23]) arcium liberalium magistrum, sacre theologie

1) Vgl. Kirn S. 11. 2) Verwechslung mit Nicolaus Stör? a. a. O. S. 10. 3) Vgl. Neues Archiv S. 31. 4) W. 1417 als theol. b. Rector. Vgl. a. a. O. S. 29. 5) Gruner. 6) Starten. 7) Hilden. 8) Hamme. 9) gest. 22. XI. 1426. 10) Vermutlich bei den Vesperien des folgenden. 11) Brieger 70ª. 1433 Lic. 12) Brieger 61ᵇ. 1433 Lic. 1434 März 23 Lic. — Urk. 2, 199. 13) Cristophorus Laurencii. Brieger 50ᵇ. 1438 Lic. 14) 8. August. 15) 12. August. 16) Brieger 49ª. 1438 Lic. 17) 12. September. 18) 16. September. 19) Stephanus Hufner. Brieger 71ª. 1433 th. bacc. 20) Nach Bl. 267ᵇ. 30. August. 21) Brieger 55ᵇ. Stüb. 108 wird 15. März 1447 dem Professor Augustin von Chemnitz die Vollmacht erteilt, ihn zum Lic. zu ernennen. 22) Brieger 57ᵇ. 1435 Lic. 23) Vgl. Brieger 51ª. 21. April 1452 ad sent. ass. 22. Juni 1454 oder (Datum?) 1455 ad licenciam admissus, war also bacc. th. zwischen 1453 und 1454 oder 1455. In diese Zeit fällt mithin die Rede. 1443 war M. Petrus Schusen Rektor (Cod. dipl. II 9. 195), auch noch

baccalarium, dominum scolasticum huius ecclesie canonicum') als eine 'exhortatoria et informatoria collacio pro induccione gregis mihi commissi et crediti ad amplectendum illa, quae inducunt, promouent et proficiunt scolasticam disciplinam.' — Bl. 204b—206b. Recommendacio magistrandi. Am Schlusse Überreichung der Insignien. — Bl. 206b—207a. Überreichung der Insignien mit umfänglicher Deutung. — Bl. 207b—209a. Recommendacio baccalariandorum.[1]) — Bl. 209b bis 210a. Recommendacio baccalariandi. — Bl. 210b. Rede eines Schulrektors bei der Einführung eines baccalarius als cooperator. Der Rektor wendet sich zuerst an die Schüler, dann an den Kollegen.

Nr. 1295.

Auf der Innenseite des Vorderdeckels steht: Liber magistri Arnoldi Woestefeldes quem fecit ligari Mdx. quinta post Inuentionis crucis.

Der nicht paginierte Band enthält das von Woestefeldes[2]) am 30. November (1. Advent) 1505 gehaltene Principium in cursum[3]), sowie die Principia in die einzelnen Bücher der Sentenzen. Woestefeldes begann die Vorlesung über das dritte Buch feria 3a post Sophiae (18. Mai) 1507 und die über das vierte Buch feria 3a post Georgii (25. April) 1508.

An anderer Stelle in dem Bande findet sich die zu dem Principium in cursum gehörige Gratiarum actio, in der Matthäus Hennigk als Rektor, Jakob Kolar, Propst zu St. Thomä, Matthäus Damarow als Promotor und Gregor Konitz als Dekan der Artistenfakultät erwähnt werden.

Auf der Innenseite des Rückdeckels findet sich eine zu der Doktorpromotion vom 25. Oktober[4]) gehörige Notiz Woestefeldes: 'In vesperiis Mdxij per me responsum ad hanc quaestionem Doctori Hennig ob petitionem Licentiati Pauli Swoffheym et L. Phister canonici regularis.' Die betr. quaestio ist an derselben Stelle vermerkt.

Nr. 1478.

Beschrieben bei Zarncke, Die urkundlichen Quellen etc. S. 637.

Bl. 77b—78a. Recommendacio licenciatorum Anno 1480 per doctorem Georgium Morgenstern apud sanctum Thomam praedicatorem in ecclesia sancti Thome pronunciata In die prisce virginis. — Bl. 210a. Recommendacio per magistrum Thomam werner mihi exhibita Cuius continuacio post in paruo v⁰ sexterno. Nur der Anfang. Vollständig Hdschr. Nr. 158. Bl. 161b—163b. Bl. 216a—219a. Recommendacio licenciatorum. Undatiert. Da es dreizehn sind, diese Zahl sich aber in den hier in Betracht kommenden Jahren nur im WS 1470/71 findet, bezieht sich diese Recommendacio wohl auf Erler II, 224.

Anhang.

Die Fürst-Georg-Bibliothek zu Dessau besitzt zahlreiche Handschriften des Leipziger Professors Magnus Hund (vgl Brieger S. 63b). Die Handschrift I enthält mehrere Universitätsreden, die im folgenden verzeichnet seien.

Bl. 2a—4b: Recommendatio Rectoris Anno 1507 dominica Exaudi per d. Magnum Hundt Parthenopolitanum ec. in praesentia totius universitatis facta. Wiederholt Bl. 5a—6b. Rektor wurde Arnold Woestefeldes. — Bl. 14a—17b: Oratio Licentiaturae Magistri Magni Hundt Parthenopolitani Anno 1505 in die Agnetis habita. Vgl. Erler, Matrikel der Univ. Leipz. II, 409. — Bl. 18a bis 19b: Eine Rede bei derselben Veranlassung. Undatiert. — Bl. 22a—25b: Eine Rede in der Universitätsversammlung vor der Vorlesung der Statuten. — Bl. 26a—32b: Recommendatione facta oratio magistri Magni ad universitatem pro eligendis consiliariis, assessoribus et iudicialibus. Am Ende: Dividantur nationes. Die Rede, die Hundt bei der assumptio rectoratus hielt. Sein Promotor, der die recommendatio gehalten hatte, war Matthäus Damerow. — Bl. 33a—34a: Oratio dominica post Bonifacii in lectione statutorum habita 99⁰, prorogata fuerat statutorum lectio ob oculorum dolores et obtalmiam, quae tunc erat pestis communis et epidemica. Bruchstück. Vgl. unten Bl. 82a—89a. Bl 34b—36b: Rede in der Universitätsversammlung vor der Vorlesung der Statuten. — Bl 38a—41a: Desgleichen. — Bl. 60a—65a: Rede bei der Wahl des Rektors. — Bl. 82a—89a: Exhortatio facta a magistro Magno ad supposita universitatis Liptzensis tempore rectoratus sui ante statutorum lectionem dominica post Bonifacii propter dolores oculorum et obtalmiam prorogata. — Bl 90a—95a: Principium factum in libros Sapientiae per Magistrum Magnum Hundt Parthenopolitanum feria sexta ante Martini 99. — Bl. 105a—110b: Oratio habita in praesentia totius universitatis, quando data est licentia domino magistro Bartoldo Himirstede de Ganderßheym Sabbato mane antemeridiana hora octava Anno 1507. Vgl. Brieger S. 21.

1451 (l. c. 264). 1470 ist er gestorben (l. c. 295). Ob er sein Amt als Rektor früher aufgegeben hatte? Es könnte sich dann um M. Georg Wessnig handeln. 1) Benutzt für Wernerus Vuhusen (bacc. 1452a) und für Nicolaus Helt (bacc. 1455a). 2) Er war bereits am 5. Januar 1505 ad cursum zugelassen worden. 3) Der Kursus (über Sap.) begann am 2. Dezember. 4) Matrikel der Univ. Leipzig II S. 21. Brieger S. 23.

Recommendatio baccalariandorum.

Handschrift Nr. 158 Bl. 193[a]—198[a].

Ad honorem et gloriam omnipotentis dei ac pro incremento facultatis arcium huius alme necnon felicissime vniuersitatis tria ad praesens per ordinem dei suffragante praesidio sum facturus. Primo dominis baccalariandis sophismatibus praemissis quaestiones assignaturus, 2^0 pro illorum honore et reuerencia ipsos breuiter recommendaturus eisdem gradum baccalariatus in artibus conferendo, demum et ultimo ad ingratitudinis vicium tollendum deo et hominibus gracias relaturus.

Quantum igitur ad primum — — Es folgen eine Reihe von Sophismata und Quaestiones, die den einzelnen Baccalarianden vorgelegt werden, z. B. Utrum celum corpus animatum. — Aliqua sunt animalia, quorum nullum est animal.[1])

Celeberrimi patres ac domini reuerendissimi praelati, doctores, magistri, ceterique mihi in domino iugiter inviscerati, Si vigilanti ac diligenter indagine varias huius alme vniuersitatis condiciones considerando reuoluerimus, profecto quid aliud in ea rimari poterimus quam quod quidam in ea sunt, qui sedule in scienciis et virtutibus crescunt, in moribus et morum operacionibus proficiunt et singulas a se prauas condiciones reiiciunt, hi diligenciam habent in attendendo, memoriam in retinendo et abilitatem in discernendo. Per diligenciam crescunt, per memoriam proficiunt et per abilitatem malas condiciones a bonis excludunt et reiciunt. Alii vero sunt in intellectu excecati, in voluntate et moribus deprauati et malis consuetudinibus radicati. Hi ad veritatis apprehensionem sunt insufficientes, quia in intellectu excecati, bonorum consorcia deserentes, quia voluntate et moribus deprauati, operacionibus pessimis insistentes, quia malis consuetudinibus roborati. Et sicut primi continue eunt de virtute in virtutem, Sic 2^i de malo in peius, de vicio ad vicium, de malicia ad maliciam ire non retardant. Quapropter primi sunt laudandi et 2^i vituperandi. *Quia laus est bonorum et vituperium malorum primo rethoricorum.*[2]) Sed quia domini baccalariandi de praesenti promouendi non sunt de numero iam dictorum, Qui in intellectu sunt excecati, in moribus deprauati et malis consuetudinibus radicati, sed pocius de numero illorum, qui crescunt in virtutibus et proficiunt in moribus, Ideo merito laude et honore sunt digni. Nam iuxta sentenciam *philosophi* 4to *ethicorum*[3]) *secundum veritatem solum boni sunt honorandi.* Ut ergo virtus eorum et virtutum operaciones aliis patefiant et merita illorum aliis in exemplum cedant, pro eorum honore et laude occurrit mihi hoc verbum aristotelicum ex 4to ethicorum[4]): *Existunt veraces vita et sermone.*

Excellentissimi patres et domini ec. Quamuis verba praesentis thematis ad quamlibet digne promouendum racionabiliter possint applicari, ipsa tamen nunc specialiter ad nostros de praesenti baccalariandos debeo referre. Quia veraces existunt, quod non solum ostendunt sermonibus, sed eciam confirmant debitis virtutum operacionibus. Nam secundum venerabilem *senecam in quadam epistola*[5])

1) Ein besonders beliebtes Sophisma. Vgl. Helssig S. 78. 2) Arist. rheth. I 9 1366a 24. 3) Arist. eth. IV 7 1124a 25. 4) Arist. eth. IV 13 1127a 24. 5) cf. Sen. epist. mor. II 8, 2 (20).

A nobis sic faciendum et dicendum est, ut, quae sint verba, sint et opera, Que quidem *verba*, si debitis *operibus* non *concordant*, plus mendosa quam vera essent Teste *cassiodoro in quadam epistola*[1]) sic inquiente: *Ipsa est virtus suauissime armonie, quando vox cognoscitur operibus consonare. Nam si hec due res discrepabili veritate sibi senciant, nequaquam temperatam efficere valent melodiam, Nec ad aures virorum proborum veniunt, quae mutua contrarietate se confundunt.* Si ergo in nostris ad praesens baccalariandis Concordia et non verborum et operacionum discrepancia reperitur, Signum est, quod *Existunt veraces vita et sermone.* Veritati igitur insistentes primo et principaliter debent esse laudabiles in vita virtutibus decorata, moribus approbata, ab omni vicio et viciosis operibus segregata. Nam secundum *cassiodorum in quadam epistola*[2]) *vita virtutibus difformis, in moribus enormis et vicio conformis mendacium procurat, falsitatem instaurat et veritatem perturbat.* 2⁰ et principaliter debent esse laudabiles in verborum sinceritate et sermonum honestate et racionum stabilitate. Verborum sinceritas concordiam gignit, discordias prosternit et pacem tribuit. Sermonum honestas placabilitatem efficit, eutrapeliam inducit, iusticiam et clemenciam obtemperat. Sed racionum stabilitas fortitudinem acquirit, prudenciam confirmat, amiciciam insinuat. Ex quibus elicitur quemlibet veracem vere in singulis virtutibus et virtutum operacionibus fore decoratum. Nam non sola *vocis prolacione*, sed eciam qualibet viciosa *operacione* aliquem mendacem esse contingit, ut elicitur ex *4to ethicorum.*[3])

Dixi primo et principaliter, Quod veritati insistentes primo debent esse laudabiles in vita virtutibus decorata, moribus approbata et ab omni vicio et viciosis operacionibus segregata. Nam secundum venerabilem *boecium 4to de consolacione philosophie prosa 3^{a} in fine.*[4]) Qui viuunt vita inordinata, viciosis operibus proplexa, non vnice, sed pocius euoce viuere diiudicantur, ymmo *belue* et monstra appellantur. De quibus querulose *alanus in parabolis in principio*[5]) sic ait:

Sus se sorde leuat saltem dum colligit escas,
Cur numquam surgit sorde pollutus homo?

Nam in tantum vera vita operacioni mendose repugnat, ut qui semel in operis mendacio repertus fuerit, ampliori fide a veritate indignus atque inabilis semper erit. Vnde *pauper hinricus.*[6])

Quem semel horrendis viciis infamia nigrat,
Ad bene tergendum multa laborat aqua.

De hac enim veritatis operacione *philosophus primo ethicorum*[7]) loquitur in haec verba: Si veritas et amicicia dissonant, *veritas amiciciae est praeferenda,* Ita videlicet quod magis est sustinenda veritas quam amici falsa opinio, propter quod dicitur *6to ethicorum*[8]), Quod intellectus noster deficit semper a sua perfeccione, quamdiu falsis opinionibus fuerit informatus. Huic enim veritati omnia consonant, vide supra. Quam siquidem veritatem venerabilis *tulius in libro de amicicia*[9]) magnifice extollit. Veritatis laus in tantum viguit, vt praeceptum pitagore fuit veritatem post deum continue collaudandam esse, Quia sola ipsa homines deo proximos facit. Vnde venerabilis *seneca ad lucilium*[10]): *Parem deo te non efficit pecunia,* cum in usu suo illam non *habet,* nec *turba* clientum, *sed animus rectus,* quem largitur veritas. Qua te si occupas, socium te erigit. Prima *philosophus ad allexandrum*[11]) sic inquit: *Sicut conseruatium corporis est sanitas, sic conseruatium anime est veritas.* Ideo merito ipsa medica est appellata. Nam sicut medicus morbo corporali fugato sanitatem inducit, sic veritas falsitate, quae egritudo est anime, remota hominem rectificat,

1) Cass. epist.? 2) Cass. epist.? 3) Arist. eth. IV 13 1127a 20. 4) cf. Boet. phil. cons. IV 3. 5) Alan. parab. I 5 (MPL 210 581 A). 6) Henr. Septimellensis eleg. de div. fort. I 19—20 (MPL 204 843 B). 7) Arist. eth. I 4 1096a 16. 8) cf. Arist. eth. VI. 9) cf. Cic. de am. 10) Sen. epist. mor. III 2, 10 (31). 11) Anaximenes rhet. Spengel-Hammer Rhet. Gr. I 2 S. 11.

liberum, securum beatumque reddit. Quid enim liberius, quid securius, quid beacius quam esse deorum socius? Hoc attendentes, quam plures veritatis amatores thezaurum inexterminabilem possiderunt speculacionibusque profundissimis praeclaruerunt. Talis enim fuit socrates protunc philosophorum maximus, qui ex veritatis cognicione tantum verum deum coluit, plures deos venerandos redarguit. Et hoc confirmando in factis miraculose et mirifice resplenduit. Quoniam igitur dux atteniensium eum induxit in nomine vnius dei potare venenum, ex illo prohunc illesus euasit, tandem praebens sibi venenum consimilem in nomine iouis et plurium deorum, ex illo statim infectus expirauit. Sic alii philosozophantes malorum inpulsibus sunt percussi, veritate non mutati. Nunquid senecam sanguinis violenta priuacio, socratem carcer, kathonem muctacio extinxit. Quanto magis luminis, fidei et gracie participes diuersis affliccionibus temptari oportet, ut a rubigine suorum excessuum purgati, incommutabilis quietis brauio digni habeantur i. e. veritatis eterne.

Contrarium vero est de falsitatis prauitate. Que, inquam, vite et operacionis falsitas se ab intemperatis inchoatur, ab audacibus continuatur, ab incontinentibus roboratur, ab impudentibus et iniustis dolenter insinuatur. Ab intemperatis et gulosis inchoatur propter contagionem, Ab audacibus continuatur propter eorum mentis elacionem, ab incontinentibus roboratur propter appetitus imperfeccionem, ab impudentibus et iniustis dolenter insinuatur propter virtutum et scienciarum remocionem. Quia ergo in corpore sunt contaminati, ideo in bonis operibus exterioribus sunt deficientes. Quia in mente sunt elati, ideo a recto racionis iudicio sunt recedentes. Quia in appetitu sunt infecti, ideo a vera dileccione sunt abscedentes. Quia a scienciis et virtutibus sunt remoti, ideo bonis omnibus sunt deficientes. Propter primum sunt odiosi, quia bonitate non habundant, propter 2^{m} sunt desidiosi, quia rectum iudicium racionis non habent, propter 3^{m} sunt perniciosi, quia vera dileccione et amore profecto carent, propter 4^{tum} sunt invidi et maliciosi, quia scienciarum et virtutum doctrinis non patent. Quapropter ab his in falsitate vite viuentibus summopere et summa diligencia a nobis est recedendum. Et animo exquisito fugiendum, Ne huius vite falsitas nos fraudulenter decipiat, Ne nos vite huius instabilitas fallaciter inficiat et in omnium malorum continuacionem dolenter inducat. Propter quod *Eustratius circa primum ethicorum*[1]) *dicit:* Oportet reluctari contra vicia falsitatis, quae si praeualuerint in homine, vires anime impediunt, iudicium racionis remittunt et lumen intellectus auferunt, suum possessorem bestialem reddunt et ipsum a condicione humane excellencie prosternunt. Pocius ergo ad huius vite veritatem accedamus, quae ignoranciam supprimit, virtutes confert et virtutum operaciones administrat. De qua quidem veritate *philosophorum princeps in libro de secretis secretorum*[2]) sic inquit: *Vite veritas radix est omnium laudandorum et regina omnium bonorum.* Sed dicat quis: Veritas ex hoc non est laudabilis, quia difficilis. Respondetur, quia ardua et difficilis, ergo magis laudabilis. Quia omnis veritas sicut et singule *virtutes circa* ardua sunt et *difficilia* 2° *ethicorum.*[3]) Hec enim vite veritas facere docet et non solum dicere. Quam virtutem scrutari non ut ipsam sciamus, sed ut boni efficiamur, iubet philosophus, vide supra. Hec igitur vite veritas famam bonam propinat, malos et viciosos impingit et racionabiliter viuentes exaltat. Nam ipsa est regina in equitate, mensura in morum pluralitate et vera doctrina in honestorum societate. Quia regina est in equitate, iusticiam colit, quia mensura est in morum pluralitate, prudenciam, omnium virtutum fundamentum, praeponit. Quia est doctrina in honestorum societate, ideo malos mores dissipat et singula in communitatem licitam locare non retardat. Que quidem veritas nostros de praesenti baccalariandos longis temporibus respicientes suos alumpnos fatetur. Quoniam ipsi in cursibus

1) cf. Eustratius comm. in Arist. XX (Heylbut). 2) Arist.: secreta secretorum? 3) Arist. eth. II 2 1105a 9.

suis virtutibus sunt decorati, moribus approbati et ab omni vicio viciosisque operacionibus segregati. Ipsa quippe vite veritas eos inspiciens sic inquit: Hi sunt, quos doctrinis meis enutriui, quos lacte meo foui et multoplus scientes reuocillaui. Hi sunt, qui fortitudinem veram insequuntur, temperanciam amplectuntur et continenciam summopere habere dignantur. Ideo merito veritas ipsos aspiciens ad illos dicere potest: *Veraces existunt in vita.*

Parcat vnusquisque, si errores hic se interseruerint secrecius. [Das Folgende bezieht sich im Besonderen auf die vier Greifswalder Baccalarien, denen die Recommendacio ursprünglich galt, und kann deshalb hier wegbleiben.] Tantum de principali primo.

Dixi 2° et breuius, Quod veritati insistentes debent esse laudabiles in verborum sinceritate et sermonum honestate et racionum stabilitate. Verborum sinceritas astuciam excludit, fraudulenciam retundit et mala exempla non admittit. Sermonum honestas tollit inimicicias, amiciciam fouet, concordiam nutrit et rixas dissoluit. Racionum vero stabilitas confirmat veritatem, permanenciam rerum diiudicat, instaurat eloquenciam et loquacitatem eneruat, relaxat inobedienciam et mentis prauitatem designat. Huic enim, cui frequens loquacitas obuiat, isti sedule oris mendositas reclamat. Vnde *poeta*[1]*: Nequam per verba, per odorem noscitur herba.* Item linguam cum manibus nescit quiescere stultus. Ideoque *alanus in parabolis in principio*[2]) sic ait:

Stulcior est stulto, qui mandat balsama crebro
Et verbis pleno verba tacenda viro.

Quapropter si veraces esse voluerimus, caute respiciamus, ne loquacitatem et frequentem verbositatem incurramus. Quia contemptum pariunt et mendacia inducunt. Idcirco moralissimus *katho*[3]) sic ait: *Noli quidem referenti credere semper. Exigua est tribuenda fides,* quia multi *multa loquuntur.* Est post pauca subiungit:[4])

Inter conuiuas fac sis sermone modestus,
Ne dicare loquax, dum vis vrbanus haberi.

Ob hoc *deus et natura vnum os et duas aures nobis tribuerunt, ut multa audimus et pauca loquamur,* ut ait *Auicenna in tractulo v° de naturis*[5]) et idem habetur *in problematibus aristotelis*[6]). Ad idem *moralista:*[7])

Sis celer ad quemuis sermonem percipiendum,
Sis piger ad quevis tibi verba relata loquendum.

Et ne nimium loquamur, Clausuram oris, scilicet labia, praeordinauit. Quare venerabilis *seneca in proverbiis*[8]) hoc considerans sic inquit: Plus audi, *quam loquaris,* et *auribus frequencius vtere quam lingua.* Quia[9])

Os, quod mentitur, anime mors esse probatur,
Quique malum loquitur, laqueo necis illaqueatur.

Et ideo si veritatem dilexerimus, faciamus secundum doctrinam *senece in libro de 4 virtutibus cardinalibus*[10]) sic inquientis: *Rari sermonis* esto. Nam vanus sermo vane sciencie est iudex, mores hominum pandit, et qualis sermo ostenditur, talis animus comprobatur. Cui consonat *Katho:*[11]) *Perspicito tacite cuncta, quae quisque loquatur. Sermo hominum mores et celat et iudicat idem.* Hec igitur diligenter consideramus. Nam procul dubio propter verborum mendositatem et loquacitatem leges imperficiuntur, regna dissoluuntur, virtuosi supprimuntur et maliciosi eriguntur. Sic reuera propter sermonis veritatem leges perficiuntur, regna extolluntur, maliciosi in bonos mores reducuntur, et virtuosi in suos fines debitos reponuntur. Ex quibus

---

1) Versus? 2) Alan. parab. I 11 (MPL 210 581 A) 3) Cato dist. II 20. 4) Cato dist. III 19. 5) Avicenna de nat. V? 6) Arist. probl.? 7) Facetus I 37, 38. 8) Sen. de mor. 9 (H III 462); Sen. de mor. 104 (H III 466). 9) Versus? 10) Sen. quatt. virt. IV 17. 11) Cato dist. IV 20.

patet sufficienter, quod huiusmodi honore et laude digne approbantur. Et sic patet, quod, qui veritati sunt insistentes, hi laudabiles dicuntur esse in verborum sinceritate et sermonum honestate et racionum stabilitate.

Et quia domini nostri baccalariandi in verbis sunt sinceri, sermonibus honesti et racionibus stabiles et ponderosi, igitur veritati insistere maxime videntur. Sunt enim prouidi in loquendo, diligentes in audiendo et feruentissimi in retinendo. Cum enim veritatem loqui debent, taciturnitatem non incurrunt. Cum enim tacere debent propter morum honestatem, loqui non praesumunt.

Eciam illorum quilibet velut priamus speciem ultra gerens corporalem merito iuxta *porphyrii*[1]) verbum locum tenebit imperialem. Dicat quis: priamus nullus illorum esse poterit, quia eclipsis oculorum, cicatrices vulnerum, contraccio maxillarum nigredoque crinium cum praemissis annexis defectibus in illorum vultibus sepius comparent. Dico, quod non. Nam nullus huiusmodi defectuum ad veram speciem imperialem exigitur. Et aliquocies tales pulchritudinem corporis licet minuant, mentis tamen strenuitatem nobis ostendunt et manifestant. Nam milites strenui in bellis vulnera acquirentes, cicatrices eorundem non occultant, sed de eis gaudent, ut aliis in bonum exemplum cedant. Sic similiter videtur de dominis nostris baccalariandis. Sunt enim prouidi in loquendo, diligentes in audiendo et feruentissimi ec. ut supra.

Cum ergo tot sint decorati virtutibus et moribus, ad eos cogor dicere verba *boecij 4° de consolatu philosophico met° penultimo*[2]), quae sic sonant: *Surgant in altum* i. e. ad kathedram baccalariorum. In qua apparebit virtutum illorum regalis decencia et sermonum gloriosa eloquencia. Quia ergo ex primo membro claret, quomodo domini nostri baccalariandi et mox baccalarii in vitis suis sint virtutibus decorati, moribus approbati, ab omni vicio et viciosis operacionibus segregati, Et ex 2°, Quomodo eciam in verbis sint sinceri, in sermonibus honesti et racionibus stabiles et ponderosi, Consequens erit, quod existant veraces vita et sermone, que fuerunt verba vestris reuerenciis proposita.

Sed quia verbositas et loquacitas redarguuntur eo, quod tedium generant et contemptum pariunt, Ideo de breuiloquio gaudens finem huius imponendo praesentibus dominis promouendis propter diuersarum racionum condiciones ac scienciarum et virtutum operaciones. Ego Autoritate mihi concessa Confero vobis[3]) et cuilibet vestrum gradum baccalariatus in artibus liberalibus dando vobis coniunctim et diuisim auctoritatem legendi et disputandi et omnes actus ad hunc gradum pertinentes exercendi hic et vbique locorum In nomine patris et filii et spiritus sancti. amen.

Darunter als andere Formel: Quamuis dominis promouendis pro laboribus multis, actibus strennuis in scienciis et moribus approbatis celsioris status gradus debeatur, tamen, quia gradatim ad coronas honoris est ascendendum Idcirco Ego Autoritate apostolica in hac parte mihi concessa do ec.

Promotio magistri artium.

Handschrift Nr. 1478 Bl. 217ᵇ–218ᵇ.

Aus der Recommendacio licenciatorum vermutlich vom 29. December 1470.

Cum eciam quandoque animalibus racione carentibus homo interdum instructus, quid imitari debeat quidue cauere, vt testatur *petrus damiani in quadam epistola*[4]): *dicens rerum quippe conditor, sicut terrena quaeque ad vsus hominum condidit, sic*

1) Porphyrius comm. in Arist. (IV 1 A. Busse) 2) Boet. phil. cons. IV m. 6. 3) Dazu am Rande: Nicolao seler de lemberg. Kleine hat dieselbe recommendatio, die in Greifswald gehalten war, in Leipzig wieder benutzt für Nicolaus Seler (W. 1473 bacc.), indem er den Plural in den Singular umgewandelt hat. 4) Petr. Dam. epist. (MPL 144).

eciam per ipsas naturarum nostrarum vires et necessarios motus, quos brutis animalibus indidit, hominem salubriter informare curauit, vt in ipsis pecoribus homo possit addiscere, quid imitari debeat quidue carere, et quid rite contempnat, Quatenus dum animalibus racione carentibus homo racionalis instruitur, ad auctorem suum per viam sapiencie caute semper et inoffenso tramite gradiatur, Sed ut hoc liquide clarescat, hic aliquas animalium naturas apponere curaui nec tamen velut expertissimus huiusmodi periciam mihi arrogo, Sed id dumtaxat, quod ab hijs, qui rimandis insudauere naturis, inserendum praesentibus existimaui.

Ideoque *primum* dominum licenciatum scilicet N. *Castori*[1]) comparare audeo, et non immerito. Castor namque cum se videt a venatore propter genitalia persequi, hoc morsibus amputat iuxta metra communia. Questio soluatur, cur castor ab hoste fugiat, cur ab venatore dentes gerit in genitiuos ec. quibus amputatis ante venatoris faciem proiicit. Sic illico venator abscedit ipsumque persequi vlterius cessat, dum id, propter quod persequebatur ipsum, extorsit. Sic dominus noster licenciatus N. in ordine primus volens venatori ludificare vel decipere, scilicet appetitum inordinatum, studuit sollerter tytubantes illecebre libidinis fomites amputare a pectoreque suo omne luxuriandi praepositum proscindere et sic quasi radicem immundicie malum repulit, dum libidinis actum cum ipsa penitus voluntate deposuit vitans loca, personas et tempora, quibus ad talem possit provocari, iuxta illud *Alani in de planctu nature*[2]):

Si fugias, pocior pocio nulla datur.
Si vitare velis venerem, loca, tempora vita.
Nam locus et tempus pabula donat ei.

Inter illa tamen iam enumerata personam inhonestam permaxime esse fugiendam, scilicet mulierculas prostitutas publicas et occultas, quia hoc genus vsitatum est ad decipiendum et deuiandum iuxta illud metricum[3]):

Adam, Sampsonem, Loth, Dauid et Salomonem
Femina decepit: quis modo tutus erit?

quasi diceret: nullus, Similiter illud bucardicum[4]) in suo reuolueret animo:

Wer so mit weiben consorcia querit habere,
Kan her das treyben et se de fraude cauere,
Den wil ich preyßen et semper in laude habere.

Similiter et illud *Augustini in tractatu de fuga mulieris*[5]) in hoc quippe certamine continua *pugna, rarissima victoria,* in quo esse victurum sperat, iam se prostratum et victum non iam dubitat et post pauca subiungit[6]), non sit verecundum, *Si vis castitatem, pallium cum iozeph retine.*

2us in ordine licenciatus N. *formice*[7]) non inconsequenter potest comparari. Ipsa enim segetum grana discernit et eleganciora eligit spretis ignobilibus, ordeum tanquam iumentorum pabulum quodammodo fastidiens aspernatur, vbi enim triticeum granum reperit, libenter amplectitur granaque proposito ore prescindit, ne germinent in herbasque prorumpant. et *maiora ferunt onera, quam earum sint corpora, vnde paruitatem corporis recuperant magnitudine virtutis.*[8]) Sic dominus noster licenciatus 2us in ordine tocius philosophie sentencias colligens ipsamque in armariolo pectoris sui recondens aspernatus est aliarum scienciarum non fructificancium sentencias vanas maioraque ferens onera, quando informacione aliorum in bachantariis insistebat ipsosque scolares fideliter et diligenter granis triticeis sue doctrine pascebat, multifarios labores fructuososque cum eis exercebat, ymmo aliquociens maiores quam corpus ipsius sufferre posset, reuoluens animo illud *Cassiodori libro 2⁰ Episto-*

1) Bartholomäus de Glanvilla, de propriet. rec. XVIII 28; Physiologus XXVI. 2) Alan. planct. nat. (MPL 210 456 B). 3) versus? 4) versus? 5) Aug. serm. 293 (MPL 39 3142 B). 6) (MPL 39 3142 B). 7) Physiologus XIV. 8) Barth. de prop. rer. XVIII 51.

larum suarum Epistola 38.[1]) *labores reddunt homines semper instructos.* Non solum propter labores formice comparatur, sed eciam propter prudenciam. Formica quippe tante prudencie est, ut *colligat in messe formica, quod habet necesse.* Est tamen duplex prudencia: vna perfecta, quae est habitus, quo homo recte consiliatur, iudicat ac praeaccipit, que agenda sunt, et ista prudencia est habitus racionis practice, quae non est in brutis, neque formica, sed tantum in hominibus racione perfecta vtentibus. Alia est prudencia inperfecta, quae est quaedam sagacitas naturalis, quo animal quoddam ordinato processu in aliud naturaliter declinatur, et talis bene invenitur in brutis, quae nichil aliud est quam quaedam inpressio coordinacionis diuine, qua quaelibet res naturalis in aliqua ordinate procedit vel inclinatur, vnde talis prudencia non requirit eleccionem, sed solam nature sagacitatem. Cuius signum, quod omnia animalia, quo sunt vnius nature, similiter operantur. Sicut omnis hyrundo similiter facit nidum, vt dicitur *2⁰ phisicorum.*[2]) De tali prudencia dicitur *primo metaphysice*[3]), vbi habetur, quod quaedam animalia sunt *prudentiora* et *disciplinabiliora,* ut quaecunque *sonum audire* potencia sunt *sicut apes.* De hac prudencia dicitur eciam *proverbiorum vi. c.*[4]) *vade, o piger, ad formicam et disce ab ea prudenciam.* In eo, quod animalia bruta hominibus communicant suas prudencias, in hoc ipsos docent, quod suas prudencias eciam aliis communicent, quod noster dominus licenciatus 2[us] in ordine diligenter et fideliter utique perfecit, quando suam prudenciam aliis suis scolaribus multipliciter patefecit.

3[us] in ordine licenciatus N. *hedo*[5]) comparatur, qui *ab edendo dictus* primum *pinguis et iocundi saporis, vnde melior et digestioni competencior est* ceteris carnibus, *maxime, si est masculus,* ideo *eius caro bene nutrit et sanguinem bonum gignit, calorem habet vehemenciorem propter etatis beneficium, ideo carnes* eius egrotis *propter suam temperiem sunt accomode.* Sic dominus noster licentiatus 3[us] humili incessu statuit gradiendum honestaque solacia censuit amplecti, ut sic boni saporis posset conseruare famam fermenciusque, sue mentis florem ad etatem peruectioremque pertingens in sui conditoris curauit flore pullulare, an deus dignetur benedicere, et in eo sui genitoris virtutes plantare, quia filius est optimi viri et iusti et timentis deum et eleemosinas facientis largiflue in christi pauperes copie.

Quartus in ordine dominus licenciatus N. apte et convenienter *linci* comparatur. Linx enim tam incomparabilem acum visus habet, ut non quodlibet corpus solidum, sed et lapideum parietem penetrat, *vrina eius vertitur in gemmam preciosam.*[6]) Sic dominus licenciatus 4[us] mirabiliter viget intellectus acumine, ut nedum communes perlustret materias, sed eciam abdita sui ingenii viuacitate penetrat ac ea, quae vilia in cortice apparent, sua industria in nobilissimas didicit conuertere vtilitates aliisque retroiactis temporibus communicare magnopere non neglexit, sed summa diligencia acumine intellectus comprehensa aliis impertita opere perficere studuit, animaduertens illud Gwidrini in quadriparito libro primo c. 16[7]) inquientis *dic ratione tenui et age actu grandi.*

Quintus in ordine dominus licenciatus N. *lepori*[8]) potest comparari, cui *data est membrorum leuitas et cursus agilitas contra canes et alias bestias ipsum insequentes.* Sic dominus noster licenciatus quintus leuem ac tranquillum habet animum contra omnium persequencium insidias paruipendens latratum persecutoris, cum recta procedit via.

Sextus in ordine licenciatus N. *leoni*[9]) apte videtur comparatus. Leo enim, cum sit *fortissimus bestiarum nullius pauescit occursum*[10]), videtur eciam naturalis quodammodo subtilitatis habere ingenium. Nam cum a venatoribus investigatur, eorum pro-

---

1) Cass. epist. II 38. 2) Arist. phys. acr. H 8 199a 26. 3) Arist. met. I 1 980b 22. 4) Prov. 6, 6. 5) Barth. de propr. rer. XVIII 44. 6) Barth. XXIII 67. 7) Guidrinus libr. quadrip. I 16? 8) Barth. XVIII 66. 9) Phys. I. 10) Barth. XVIII 63; Prov. 30, 30.

tinus odore consepto sumit nouitatem, caudam quippe trahens per vestigia sua, cum graditur, ea operiendo, Sicque venancium laqueis ne capiatur, evadat. Sic dominus noster 6us licenciatus fortem et constantem habet animum nullius metuebat calliditatis commenta, sed victa aliorum mordacitate intrepidus permanet. Hic eciam vestigia sua cauda, quae est extrema pars corporis, operuit, quia ignorancie [quare] cecitatem tegemine intellectus noue illustracionis abscondit.

Septimus in ordine dominus licenciatus N. *oui* comparatur. Ouis enim inopiam hyemis timet, ideo velut insaciabilis autumpnali tempore herbas inexplebiliter carpit, avidius enim tunc plus solito pabulum rapit herbamque non nesciens desituram sese, dum licet, vberius replet, ut quasi future praeparetur inopie victus sui lucra reponat, antequam virens herba deficiat. Sic dominus noster licenciatus 7mus inopiam doctrine seminande praeuidens imminere atque tempus autumpnale rependens in leccionibus et exerciciis modernis temporibus permanens auide carpsit pabulum anime, ut se ab medio subtrahende doctrine, quia anima pabulatur, praemuniret.

Octauus dominus licenciatus N. hynnulo[1]) competenter comparatur. *Hynnulus* quippe *cerui* est *filius et est acutissimi visus et velocis cursus. Mater autem eius ipsum in antris et locis vmbrosis abscondit et illum ultra spineta et vmbeta saltare instruit.* Sic dominus noster licenciatus 8uus in ordine, qui iuuentute ac sensuum viuacitate floret, velox floret, velox fuit ad apprehendendum alta instructusque a matre sua philosophia vilia et abiecta respuebat et honesta complexus est.

Nonus dominus licenciatus N. *vulpi*[2]) comparatur. *Vulpis enim generat filios* incompletos et defectuosos *et cecos sicut leo et lupus.* Et *causa* illius *est gulositas, quia, si natura exspectaret usque ad complementum* debitum, tunc *sugendo* filii *interficerent matrem. Et ideo natura facit* filios *nasci ante complecionem, ne nimis expectando plenam formacionem auiditate nimia nutrimenti interimerent matres suas.* Sic dominus noster licenciatus nonus in ordine tanquam filius legittimus philosophie ipsius praecepta sectatus est, non declinans ab ea nec ponens offendiculum aliisque suis maioribus, a quibus instructus est, debuit, exhibuit reverenciam ac obsequiorum promtitudinem et nec violentus invasor repertus est. Et quamuis dominus noster licenciatus nonus in ordine minorennis existat et etate debita ad licenciaturam vel ad magisterium requisita careat, nichilominus senectutem venerabilem non diuturnam nec numero annorum computatam sermonibus et virtutibus redimitam etatem et numerum annorum habet supplentem racione cuius iuuenes possunt esse optimi scienciarum imitatores et ex hoc exaltant ad gradus alciores teste venerabili *Seneca Epistola 17*[3]) dicente: dum sumus *iuuenes addiscere et adhuc tractabilem animum ad meliora* committere, *quia hoc tempus ydoneum est laboribus,* propter quod Bohecius[4]) Studium iuuenum florens studium nuncupat. *Carmina qui quondam studio florente peregi ec.* Et hoc racione ingenii acuti, qui secundum *ovidium in libro sine titulo*[5]) *quondam* erat *preciosius auro* et non immerito, quia per subtile et acutum ingenium homo liber et quasi immortalis efficitur secundum quod idem *Oracius*[6]) testatur *in libro sermonum* in haec verba:

Quis *nam igitur liber? sapiens, sibi qui imperiosus.*

quem neque pauperies neque mors neque vincula terrent. Et subdit multorum ingenio, artibus solis gloria debetur, racione ergo ingenii et intellectus acuminis iuuenes annorum numero carentes possint exaltari et senioribus in dignitatibus coequari. Sic exaltatus fuit Daniel iuuenis et in consilio ciuitatis babilonie senioribus collocatus, Cui dixerunt senes babilonie: *tu vero sede nobiscum, tibi enim deus dedit intellectum danielis xiii.*[7])

---

1) Barth. XVIII 57. 2) Barth. XVIII 192. 3) Sen. epist. mor. 185, 27 (108). 4) Boeth. phil. cons. I 1. 5) Ov. am. III 8, 3. 6) Hor. serm. II 7, 83. 7) Dan. 2, 48.

Decimus dominus licenciatus N. comparari salamandre[1]) potest non incongrue, *quae* licet *similis sit lacerte,* quod est *animal venenosum,* mirabilem tamen fatetur habere naturam, adeo ut si cauda in ignem iungitur, omnis ignea vis tanquam inundantis aque profluuio protinus extinguitur. Sic dominus noster licenciatus, licet variis subiectus sit infirmitatibus irritusque multis vexacionibus et concussus sagittarum doloribus, tamen in sudorem debiti scilicet impaciencie non prosiliit, sed ignea iacula doloris et infirmitatis sue paciencie clipeo extinxit eaque ut ambidexter subtilitatis sue ingenio viriliter elisit attendens illud *Platonis in thymeo*[2]): *tocius philosophie robur est paciencia,* Similiter reuoluens illud *Apocalipseos* 3⁰ *capitulo*[3]): *Ego quos diligo, castigo.* Eciam illud: flagellat omnem filium, quem recipit, in omnibus equalem ferens animum, quod spectat vtique ad vere pacientem, secundum quod dicit *lactancius de iusticia*[4]) *paciencia est malorum, quae inferuntur et accidunt, cum equanimitate perlacio.*

Vndecimus dominus licenciatus N. taxae[5]) non inconvenienter comparatur, cui in*est quaedam solercia, quando enim* pers*equitur* a *canibus, anhelitum et flatum retinet,* quem *retinendo cutem extend*it *et sic* incesus *canum et ictus hominum arcet.* Sic dominus noster licenciatus vndecimus quamuis multis iaculis in causa fisci pestiferi, persecucionis, diffamacionis, vexacionis, inquietacionis fuit tactus, flatum tamen indignacionis, commocionis et perturbacionis retinuit omniaque pacienter sustinuit et *tanquam ouis ad victimam ductus tacuit*[6]) nec verbum aliquod detractatorie loquacitatis emisit.

Duodecimus noster licenciatus N. *Murilego*[7]) non immerito comparatur. Hic scilicet murilegus *cautissime muribus insidiatur* ipsisque naturaliter inimicatur, cum eisdem quottidie rixatur iuxta illa metra communia[8]):

Pollex, pedicula, duo galli, murilegus mus
Et glores bine raro viuunt sine lite.

Et eos plus odore quam visu senciens invadit in abscondito. Sic dominus noster licenciatus duodecimus schurilibus ac vagabundis caute insidiatus est ipsorum detestans abusiones moresque deformes, Quos plus fama volente sensit errare quam conuersacione experiendo ab eis inquinari.

Decimus tercius dominus noster licenciatus N. *Ericio*[9]) comparatur. *Ericius est animal spinosum, choreum enim habet vndique aculeis circumseptum. Huius* namque solercie est: *ascendit arborem pomiferam et vitem Et poma ac vuas* deponit, *et cum poma in terram deciderint, involuit se super fructus, ut spinis infringantur.* Sic dominus noster licenciatus vltimus in ordine ascendens ad arborem sciencie et virtutis bona ac virtuosa opera carpit ac elegit, quibus electis in eisdem se voluit per continuam exercitacionem, ut in ipso radicentur.

Recommendatio magistrandorum.

Handschrift Nr. 158. Bl. 148ᵇ—155ᵇ.

In nomine sacre et indiuidue trinitatis patris et filii et spiritus sancti Amen.

Continuaturus ac completurus actum praesentem per dominum vicecancellarium iniciatum tria ordinarie restant agenda. Primo dominis licenciatis certas lecciones in artibus cum quaestionibus annexis assignare, quarum expedicione pariter et decisione subtilitas eorum reflorebit luculenter et copiose. 2⁰ Eosdem meritis eorum exigentibus obnixius recommendare, cuius recommendacionis pronunciacione honestas eorum patebit excellenter et fructuose. 3⁰ omnibus interessentibus graciarum

---

1) Barth. XVIII 90; Phys. XXXIX. 2) Plato Tim. 3) Apoc. 3, 19. 4) Lact. div. inst. V 22, 3. 5) Barth. XVIII 101. 6) Jes. 53, 7. 7) Barth. XVIII 74. 8) Versus? 9) Barth. XVIII 66; Phys. XIII.

acciones redonare, quarum occasione gratitudinis quantitas apparebit, si non equiualenter, tamen studiose.

Quantum ad primum. Quoniam a dignioribus inchoanda est denominacio et inter alias sciencias humanitus adinventas Metaphysica dinoscitur esse dignissima, vtpatet *primo methaphysice*[1]), Ideo vos, domine *Wenczeslae*, qui inter dominos licenciatos estis prior, in prima et digniori sciencia pro hac vice prior sitis lector et incipiatis librum metaphysice.

Quanquam, domine licenciate, in hac vestra subtili leccione et textus subtiliori declaracione deberem esse contentus, tamen ne patrum et magistrorum meorum videar excedere metas et de non imitandis eorum vestigiis dignam merear correpcionem, Idcirco circa vestram sic recitatam leccionem hanc vobis moueo quaestionem: Vtrum.[2]) — — —

Audiuistis, quam eleganter quamque subtiliter dominus licenciatus se habuit in quaestionis sibi assignate magistrali decisione, ex cuius subtilitate omnium aliorum licenciatorum subtilitas et elegancia simul cum ydoneitate potest sufficienter apparere, Quia tamen, sicut *vna yrundo non facit ver nec vna dies calida estatem, 1⁰ ethicorum*[3]), Ideo ut eciam veraciter aliorum appareat industriosa subtilitas, vos, domine *Johannes*, incipiatis librum Ethicorum.

Quoniam in philosophia morali, de qua in libris Ethicorum, in quorum primo legistis, multe tam propter vicia quam eciam propter virtutes insurgunt difficultates, quae per sermonem planum faciliter possunt explicari, Idcirco circa hanc vestram leccionem istam moueo quaestionem: Vtrum. — — —

Auditis iam his quae sunt de sciencie metaphysicalis ac philosophie moralis integritate, superest, vt eciam aliquis licenciatus in philosophia naturali audiatur. Quia vero liber philosophicorum inter alios primum tenet ordinem, Idcirco, domine licenciate *Thoma*, incipiatis librum philosophicorum.

Quanquam leccio magistralis ex opere operato reddatur autentica, apparet tamen magistralior, si fuerit per conclusiones et cerciora euidenter decisa. Ideo circa vestram leccionem hanc moueo quaestionem: Vtrum. — — —

Vt eciam aliquid de logica, quae est ars arcium, sciencia scienciarum, audiamus, vos, domine licenciate *Martine*, incipiatis librum posteriorum, qui inter libros logicales est magistralior et prior.

Difficultate huius libri et leccionis lecte me vrgente ad lucidiorem materie lecte declaracionem hanc vobis decidendam moueo quaestionem: — — —

Licenciatorum seu magistrandorum recommendacio.

Quantum ad 2^m praesentis actus, Celeberrimi patres et domini magistri, doctores ceterique viri clarissimi, qui morem hunc instituere, vt dominorum licenciatorum atque nouellorum philosophorum laus oracionis accuracione summo honore amploque praeconio celebraretur iuxta inclite et praeclare facultatis arcium ritum, rem tum laude dignam tum in secula admirandam probandamque excogitasse videntur. Consueueruntque sollertissimi viri nupciale connubium, vbi est legittima maris et femine coniunccio, nescio quam facundis labiis prosequi, quia ad ciuitatis amplitudinem et decus pertinere non ambigue dinoscitur. Quanto igitur preciosior sapiencia legittima viri et femine coniunccione, quanto nobilior philosophia ceteris cunctis caducis atque fragilibus rebus, quae per licencie tradicionem dominis nostris licenciatis nouellis desponsata existit, tanto crebriori, vigilanciori ponderosiorique oracionis laude ipsius philosophie sublimitas nostrorumque licenciatorum honorificencia est recensenda. Ipsi quippe publice delectati auidius se ad sciencias aptent, quanto maiori gloria sese nouerint his habitis recommendari. '*Excitat*' namque '*auditor*

1) Arist. met. I 2 983a 5. 2) die quaestio ist nicht angegeben. 3) Arist. eth. I 6 1098a 18.

studium laudataque virtus. Crescit et immensum gloria calcar habet', inquit *Ouidius Naso in de ponto.*[1]) *Nutriunt quoque*, inquit *Cassiodorus in libro epistolarum suarum*[2]), *praemiorum exempla virtutes, nec quisquam est, qui non ad morum summa nitatur conscendere*, cum *irremuneratum non permittitur, quod teste consciencia* sana *laudatur*. Ideo in *4to ethicorum*[3]) dicit *Aristoteles* opportere bonos per praemia *ad virtutes vocari*, malos vero per perpetuas et *insanabiles* penas *exterminari*. Sic namque equorum cursus clamoribus incitatur, si in sonancium manibus agitur, ut velociter a mutis animalibus appetatur, quantum inde stimulari homines posse existimabimus, quos laudis auidos natura produxit? *Ingenium* namque *gloriam* et *honorem bonus et ignauus eque sibi exoptant*, inquit *Salustius in Catilinario.*[4]) Vix quoque ullum invenies, inquit *Tullius libro 1. officiorum*[5]), *qui laboribus susceptis periculisque* perceptis *non quasi mercedem rerum gestarum desideret gloriam*, que si dignis collata fuerit, profecto illorum animos in alta eriget. '*Non enim paruas animo dat gloria vires. Et fecunda facit pectora laudis amor*', dicit ingeniosissimus *Naso*[6]) '*Fama*' quidem '*citat laudem, laus praemia, praemia mentem, Mens studium, studium dogmata, dogma decus*' inquit *Matheus Vindocinensis in historia Thobie.*[7])

Cum igitur laus et *honor virtutum praemia* sunt *4to ethicorum*[8]), iustum est, ut, qui virtutibus bonisque scienciis donati sunt, copiosis laudum praeconiis efferantur. Quales esse iure credimus hos licenciatos nostros, qui bonis artibus diucius exercitati per diligenciam sedule attencionis, per memoriam firme retencionis, per abilitatem bone discrecionis creuerunt et profecerunt. Meritoque ob id nomen philosophi sorciantur, cum sciencie amatores sint, et laudibus ob hoc maxime digni, quia boni cum referente venerabili *Bohecio* in *de summo bono*[9]) *philosophus quisque naturaliter bonus est, cum agnoscat turpitudinem accionis, in qua consistit vicium, ipseque solus sciat, quid rectum et racioni congruum iudicetur*. Pro ipsorum igitur pro opportunitate loci ac temporis commendacione breui occurrit mihi verbum o. doctissimi[10]): *Sunt illis mores, alta sunt ingeniaque.*

Venerabiles ac praestantissimi patres ec. ac domini ceterique praecolendi, Etsi quemlibet hominem, *qui* ex natura *studet sese praestare ceteris* rebus, *summopere niti deceat, ne vitam* incultam scienciis agat et sub *silencio* ignorancie *velut pecus* agat, teste *Salustio* in *prohemio Catilinarii*[11]), id tamen praecipuum esse debet, vt praeter hec vitam moribus bonis rectisque actibus ornet. Cum enim, vt est apud *Tullium in libro 1. de officiis*[12]), *Multa sunt in philosophia grauia ac utilia accurate copioseque a philosophis disputata, ea* tamen philosophie praecipua pars est, *quae de officiis*, hoc est de moribus ac honestis viuendi modis pertractat. *Quis* namque *est, qui nullis* uel *officii* uel morum *praeceptis* inbutus *se philosophum audeat*[13]) compellare? Nullus profecto. *Non equidem inficior*, inquit *Petrarcha*[14]), *doctos quosdam et facundos existere viros et qui de multis disputant, ceterum* non de *ingeniis, sed* de moribus est *quaestio*. Parum namque uel propter ingenium uel alia, quae ex natura insunt, laudabimur, Nisi *existimauerimus* nos ex virtutibus uel *naturali inclinacione* uel *doctrina* uel *consuetudine bonos fieri* posse *4to Ethicorum.*[15]) Fit autem quisque bonus, si his rebus sese accommodauerit. Necesse quidem est volentem moraliter bonum fieri, ut eum artis naturalis inclinacio detineat. *Sunt namque nonnulli, quos disciplinari et studiosos fieri est impossibile 5to polliticorum in fine.*[16]) Hi scilicet desidia torpentes se quibuslibet bonis artibus abdicarunt. Sunt et nonnulli, quametsi animus sit ad virtutem aptus, cum tamen uel doctore uel assuetudine expertes sint, disciplinabiles fieri non poterunt. *Rem* enim *tria perficiunt: Ars, cuius*

1) Ov. ex Pont. 42, 35. 2) Cass. Var. II 16 (MGH 12, 55). 3) Arist. eth. X 10 1180a 9. 4) Sall. Cat. 11, 2. 5) Cic. off. I 19, 65. 6) Ov. trist. V 12. 37. 7) Matth. Vind. de Tob. (M. 205 952 A). 8) Arist. eth. IV 7 1123b 35. 9) [Boet. de sum. bono.] 10) [cf. Hor. epist. I 1, 57.] 11) Sall. Cat. c. 1, 1. 12) Cic. off. 1, 2, 4. 13) Cic. off. I 2, 5. 14) Petrarca? 15) Arist. eth. X 10 1179b 20. 16) Arist. pol. V 12 1316a 10.

lege regaris, Vsus, quem serues, Meliores, quos imiteris. Ars certos, vsus promptos, imitacio reddit aptos artifices, inquit eximius poeta *Gaufredus.*[1]) Hec omnia in his nostris licenciatis vberius splenduerunt. Naturalis quaedam disposicio animos eorum ad artes probitatesque attraxit, quae teneris annis inbibite in eis diuturna meditacione manere fecerunt *7 Ethicorum.*[2]) Per doctrinam quoque, quae imitacione perficitur, doctos sequi, ingenia colere idque, quod bonum iustum et equum fuerit, didicerunt perficere. Merito igitur eis convenit thema praesumptum: *Sunt illis mores, alta sunt ingenia* quoque. In quibus quidem verbis pro ampliore laudis praeconio principaliter in duobus licenciati nostri redduntur commendabiles. Primo ex natura et commendabili ipsorum conuersacione, qua se moribus ac virtutibus ornauerunt, 2⁰ ex alta et subtili scienciarum contemplacione, qua interiorem mentis potenciam erexerunt.

Dixi primo, quod nostri licenciati redduntur commendabiles ex natura et commendabili ipsorum conuersacione, qua se virtutibus ac moribus ornauerunt. Ibi: '*Sunt illis mores*'.

Venerabiles ac praestantissimi patres ac domini. Considerantibus nobis ea, quae in nobis sunt, comperiemus nos fere nobis contrarios existere. Ex natura quidem et ex labili sensitiua potencia *dociles imitandis turpibus ac prauis* omnes sumus teste *Iuuenali*[3]), *Ingenium*que nostrum *procliue est ad libidinem,* inquit *Terencius in Andria*[4]) et *in canone omnis etas xij q. 1*[5].) Quod si virtuosi fieri volumus, restat, ut carnis motus, qui sensuales sunt, per actum racionis, que alcior in nobis vis est maior et perfeccior, edomentur. *Nisi enim te racio regat teque subigat sibi, fallaris inque praecipicium vicii cadas,* necesse est, *inquit Plutharcus ad Traianum*[6]) principem, oportebit igitur nobis dari non liberos impetus, iuxta *Senecam in de 4 virtutibus*[7]), sed *imponi concupiscencie* nostre *frenum* et quod praecipuum est, nos imbui arcium *disciplina,* Que secundum venerabilem *Hugonem* in *libro de institucione nouiciorum*[8]) *compes est cupiditatis, desideriorum carcer, frenum lasciuie, elacionis iugum et vinculum iracundie, quae domat intemperanciam, levitatem ligat et omnes inordinatos mentis motus suffocat* (et extinguit) iuxta illud *Ouidii in de remedio.*[9]) Queritur *Egistus, quare sit factus adulter, in promptu causa est: desidiosus erat.* Ita quoque dum corpus per disciplinam compescitur, animus constancia solidatur et paulatim intrinsecus quantocunque impetu furiat, demum ad quietem reducitur. *Invidus* enim, *iracundus, vinosus, amator, nemo adeo ferus est, ut non mitescere possit, si modo* scripture *pacientem* accommodat *aurem,* inquit doctus *Oracius li. s. epistolarum.*[10]) Prodest autem non minimum ad solidandam constanciam lingue taciturnitas. Ab re namque non fuit, quod ille Samius Pitagoras discipulos suos quinquennali silencio constrinxit, Ne lingue temeritas obesset morum grauitati, sed ut hi, qui nouicii advenerant, quales essent, quos antea instituerat, conuersacione diutina comprobarent. Magna enim discipline pars est bona conuersacio, quae, tametsi iuxta *Alanum in de planctu*[11]) in multis videatur consistere, vt videlicet *in verbis* sit *circumcisio, in factis circumspeccio, in habitu mediocritas, in gestu* suauitas, *in cibis refrenacio, in potu castigacio,* in ceterisque debita paritas. Principaliter tamen in duobus videtur consistere, vt scilicet conuersari volentibus iusta et sancta consciencia sit, quo ad se virtutisque operacionem quoad alios. Qui namque sceleris sibi conscii sunt, penas nullo momento praetereunt, quos semper duriter remordet consciencia facti, *mens habet attonitos et surdo verbere cedit, occultum quaciente animo tortore flagellum,* inquit *Iuuenalis.*[12]) Quatitur quippe animus talium male conscius verbere surdo,

1) Galfredus de vino salvo nova poetria 1702—5 [P. Leyser, hist. poet. et poem. med. aev. Halae Magdeb. 1741, S. 855]. 2) Arist. eth. VII. 3) Juv. sat. XIV, 40. 4) Ter. Andr. I 1, 51 5) c. 1, c. 12. q. 1. 6) Plut. epist. ad Trai. [cf. Bernardakis VII 183]. 7) Sen. quart. virt. IV 3 (H. III 471). 8) Hugo inst. mon. praec. novit. c. X (fol. XXIIy). 9) Ov. rem. am. 161. 10) Hor. epist. I 1, 38—40. 11) Alan. de planc. nat. (M. 474 A). 12) Juv. sat. XIII 194.

hoc est verme consciencie, qui vermis tortor est animi, et occultum, non sensibile flagellum. Vbi vero pena, ibi nulla tranquillitas, *pena* dico *vehemens ac* pena *seuior* omnium. *Nocte dieque suum gestare in pectore testem.*[1]) Non igitur bene conuersatur peccati sibi conscius. *Ingredere*, inquit *Petrarcha* in libro *de remediis aduerse fortune*[2]), *in cubiculum cordis* tui, *cui si tranquillitas est*, bene conuersaris et *habes*, *vbi conquiescas*. *Neque* enim in te fama clarissima esse potest et *consciencia turpis*, quia *mendax* est *infamia* et res turpis et vana. Et subdit post pauca quoad virtutis operacionem: *Si* infamia uel fama *collecta* fuerint in *flagicio*, *grauis* est, *fateor*, *si* contra, *facilis*, *si honesti studio*, *gloriosa*, *siquidem bonis artibus quaesita*, *infamia laus est*, *insultent fatui*, *tu* vero *exulta nobili lucro*, *virtutem* namque *rarissimam mercem* magno magnum licet *et quo nullum maius* est, *famae precis comparasti*. Hi igitur licenciati nostri mentis et operis conuersacione conspicui probatique sunt, vt ipsos, qui in vndenio numero sunt, vndecim preciosis lapidibus ad eorum virtutes merito comparare possum.

Primus[3]) namque similis est integerrimo lapidi, qui *rubinus*, apud quosdam *carbunculus* vocitatur. Color eius sicut carbonis succensi. Diuicias auget et honorem magnum efficit deferenti. Cui si luna exeunte aut aldebaran, quae stella praelucida est in principio geminorum, semen herbe tintinalli suppositum fuerit, corrumpit fortiter hominis corpus visque lapidis multiplicatur. Ita scribit *Hermes*[4]) omnium philosophorum antiquissimus equalis deorum, Saturno et Ioui contemporaneus *in tractatu de praecellentibus herbis*. Sic noster licenciatus ab eo tempore, quo puericiam egressus est, multos sui corporis impetus freno temperancie perdomuit sicque instar candentis carbonis per multam flammam excocti tandem totus igne succensus rubuit, cum nihil terrene voluptatis studuit insectari, gaudens fuit in his, quae *ad sanitatem* et *disposicionem bonam* delectabilia sunt taliaque *appetens* moderate, quae omnia temperantis opera *3⁰ ethi.*[5]) Non fuit *fastidientis stomachi*, cuius *est* omnia *degustare*, *quae*, cum *varia sunt*, *inquinant* et *non alunt*, vt scribit *Seneca* in *epistola 2ª ad bicillum*[6]), sed referta fuit anima eius delicate sicque corpus confirmatum est et sanguis currere et rubere cepit in venis Ex leticia anime, ut scribitur in de regimine principum.[7]) *Anima* quoque *secuta corpus et non impassibilis ab illius motibus* ex *principio phisionomie Aristotelis.*[8]) Illi diuicias auxit non corporis, que tamen pendule et tempore caduce sunt secundum *Valerium Maximum*[9]), Sed animae quidem, quae vere diuicie sunt virtutis dico, quae *clara eternaque habetur*, vt inquit *Salustius.*[10]) Fuit igitur in hoc nostro licenciato lapidi rubino temporanee tyntinallus herba supposita, quando adversus motus se tam viriliter accinxit, quod contritis omnibus affeccionibus nihil eorum concupiuit.

Secundus[11]) *Cristallo* est similis, qui, cum coloris sit aque congelate, interius clarus ab extra turbidus, demones fugat et mortuorum spiritus, ventos vocat et abdita pandit. Cui si sub Pleyadibus feniculi semen suppositum fuerit, oculorum colorem vehementer augmentat, vt scribit ille inclitus *Hermes*, ex profunda sciencia sua Trismegistus apud egipcios appellatus. Ita noster licenciatus aduertens id, quod *Salustius* in *iugurtino*[12]) scribit, *vti hominum genus ex corpore et anima est, ita res cuncte studiaque omnia nostra corporis alia, alia anime naturam sequuntur. Igitur praeclare facies, magne diuicie, ad hec vis corporis et alia omnia huiuscemodi brevi tempore dilabuntur, at ingenii egregia facinora sicuti anima immortalia sunt. Corporis* etenim *et fortune bonorum vti inicium, ita finis est. Omnia* quidem talia *orta occidunt et aucta senescunt. Animus* solus *incorruptus eternusque habetur.* Non fuit igitur noster dominus licenciatus corpori deditus, ut *in cute curanda plus equo* in-

1) Juv. sat. XIII 198. 2) Petraca, de rem. fort. II dial. 25. 3) a. R.: Wentzeslaus molitoris. 4) Hermes Trismegistos de praec. herbis? 5) Arist. eth. III 14 1119 16. 6) Sen. epist. mor. I 2. 7) regimen principum? 8) Arist. physiogn. 805a 1. 9) Val. Max. VI 9, 7. 10) Sall. Cat. c. I 4. 11) a. R.: Johannes sartoris. 12) Sall. Jug. 2, 1—3.

tentus esset, quod ignaua *iuventus*, teste *Oracio*[1]) facere solet, sed ab extra neglecte forme, ab intra vero donis sciencie et discipline formis clarissimus euasit. Non illi forme gloria, quae fluxa et fragilis est, cure fuit, sed bonis artibus studuit in idque magnitudinis processit, vt pro mortali gloria fieret eternus neque hoc suo fine frustratus est. Dotatus namque est philosophie clarissimis donis exque illis vnus effectus, qui beati et *felices* ab optimo poetarum *Virgilio*[2]) comprobantur, quod *rerum potuerit cognoscere causas.* Noscit namque hic noster licenciatus abditas rerum causas reddere, ventosque vnde citentur, dinoscere, noscit, cur *tremor* in terris[3]), cur concrepet aera fulgor, *defectus solis varios lunaeqae labores.* Nil igitur timebit demonum spiritus et mortuorum vmbras, quae fantasmata sunt, scientibus non potentes obesse. Recte igitur semen feniculi is noster suppositum protulit, dum linceis oculis nature secreta penetrauit.

Tercius[4]) *achati* preciosissimo lapidi merito comparatur, qui lapis crocei coloris quando, aliquando nigri, aliquando virgulati, dat graciam in deum et homines, contra magicam prodest; sub quo si flos pulegii cum flore solsequii deferatur, hominis sanitatem conseruat, dicit *Arnoldus in* suo *lapidario.*[5]) Hunc denique lapidem Eneas gestasse dicitur, dum invisibilis Cartaginem peruenit, vt refert *Bartholomeus in de rerum proprietatibus.*[6]) Illi lapidi noster licenciatus se similem reddidit, dum virtute prudencie, quam in se complexus est, omnes fortune actus modo fauore albos, modo infortunio tetros, mox neutro, sed vtroque colore mixtos, intrepidus pacienti inopia pertulit, vbique semper idem existens, prout rerum temporumque exegit varietas, nihil de his, quae transitoria sunt, miratus est neque ea precii magni existimauit, quia caduca sunt, inquit *Seneca in de 4 virtutibus*[7]), sed ad studia conuersus didicit, quam viam sectari debuit, eoque processit, ut nunc singula agnoscit ac consilia peritorum distincte videt, ex apertis obscura intimat, ex paruis magna, ex proximis remota, ex partibus tota. Neque quidquam optauit, nisi quod coram honestis optari potuit. Pecunie studium, quod nullus sapiens concupiuit, et ipse abhorruit, studuit in paupertate diues esse, Sepe viriliter contra fortune impetus armans, graciam igitur iuste apud homines doctos meruit, quia honestus fuit. Honesti namque gracia et laudibus praeferendi sunt secundum *Tullium* in *libris officiorum.*[8]) Namque animum suum ad doctrinam moralissimi *Senece*[9]) *tribus dispensauit temporibus* eo, quod *praesencia ordinauit*, *futura*, ne ignominiam incautus incideret, *praeuidit* et *praeterita* memoria repeciit, sese ab hoc contra magicas artes, quae decepciones sunt, et incantancium errores et contra quaslibet insidias, quae praeter errores non sunt, in corporis sanitate illesum seruauit. Merito igitur commendandus fuit. Ne quoque de cetero ab hoc habitu degeneret, fortiter commouendus, quod ut faciet illam *Oracii*[10]) viam, quam ad prudenciam dat, mente complectatur: *Quid de quoque viro, cui dicas, sepe videto Percontatorem* hoc est omnium inquisitorem *fugito. Nam garrulus idem est.* Ac post pauca[11]): *Patule commissa fideliter aures, Et semel emissum volat irreuocabile verbum: Qualem commendes, eciam tu aspice* illum, *ne mox incuciant aliena tibi peccata pudorem.* Quam viam si noster licenciatus tenuerit didiceritque in inopia letus esse, profecto invisibilis praeter cuiuspiam timorem ne dum Cartaginem ut ille Troius Eneas, sed quocunque animum intenderit, fauore hominum transmigrabit.

Quartus[12]) *dyamanti* est similis, qui lapis durissimus omnes lapides scindit, animositatem et audaciam confert, mentem custodit, incantaciones uertit in auctorem. Color eius vt vitri lucidi. Cui si elleborum nigrum supposueris, nequebis ab vllo

1) Hor. epist. 12, 29. 2) Verg. georg. II 490. 3) Verg. georg. II 479, 478. 4) a. R.: Theodoricus Wolffспоред Wolffframsdorff. 5) Arnoldus, lapidarius = de virt. gen. III. 6) Barth. de rer. propr. XVI 11. 7) Sen. quatt. virt. (H. III 69, II 2) 8) Cic. off. 9) Sen. quatt. virt. II 9. 10) Hor. epist. 1 18, 68—71. 11) Hor. epist. 1 18, 76, 77. 12) a. R.: Johannes dorte.

contineri, si nolueris. Ita dicit *Plinius in hystoria naturali.*[1]) Similis profecto est huic lapidi noster licenciatus, fortitudinem namque omnium virtutum constantissimam, sine qua ceterae virtutes rupte sunt et lacere, induit, quae timores reprimit et audaciam medicat *3º ethicorum.*[2]) Animosus igitur contra vicia fuit. Incantaciones quoque, hoc est pusillum animum, qui timiditate pallet, a se remouit. Nihil enim est incantacio nisi mentis timiditas. Non enim teste *Ouidio*[3]) *de tumulo prodire videbitur vmbra, non seges ex aliis alios transibit in agros. Nec subito lune pallidus orbis erit. Nulla recantata deponent pectora curas*, sed uti mens est, sic incantacio ledit. Timidis igitur et pusillanimis terrori est incantacio, sed fortibus non obest. Qualem hunc nostrum credimus. Color namque eius lucidus, nihil nigre timiditatis, *quae suspecta silencia amat, vt inquit Statius*[4]), admittit. Cui si elleborus herba crudelis et letifera secundum *Macrum* in *de herbarum virtutibus*[5]) supposita fuerit, hoc est: si mortis consideracio, quae omnibus imminet, illi in mentem redacta fuerit, poterit profecto per nullius tyrannidem a vero retorqueri, faciet, quod Antistenem fecisse legimus, qui cum dura in faciem tyranni exprobrasset, interrogatus, vnde haec sibi audacia esset, respondit, quia sciret se moriturum esse. Ita noster intrepidus dicet armatus fortitudine: Perfide tyranne, *quid*[6]) *me perferre patique indignum cogis? Adimas* licet omnia, *pecus, rem, argentum, lectos; tollas, licet* alia, *et in compedibus seuo* me *sub custode tenebis, ipse deus* postquam ipse volet, *me soluet, opinor. Hoc* scio, quod *moriar, mors ultima linea rerum.*

Quintus[7]) *granato* merito comparandus venit, qui lapis coloris rubei vt grana maligranati Melancoliam aufert, reddit hominem temperatum bonamque famam affert, ut scribit *Enax*[8]) magnus philosophus in *de sigillis lapidum* et antiquissimus omnium *Mercurius trismegistus.* Ita licenciatus noster etsi a virtutibus aliorum, quos supra memorauimus, non degeneret, suis tamen praecipuis moribus didicit socialis esse socialemque amiciciam complexus est. Non eam estimo, quae uel in negociacionis, milicie uel studii paritate consistit, quamuis studii sui participes vehementer excoluit iuxta illud *Ouidii*[9]): '*Et* laudat *studii federa quisque sui*', Neque eam dico, quae dileccionis quadam naturali lege connectitur, vt in brutis cernimus, quae naturali ductu pullos uel catulos protegunt et pro eis tuendis periculis se subiiciunt. In his namque amicicie generibus plerumque uel ex locorum distancia uel ex temporis lapsu praeoccupatur obliuio. Sed id sociale fedus coluit, quo Theseus et Pentheus, quo Nisus et Eurialus, quo Horestes et Pilades commendantur, quod non solum locorum uel temporum interualla rumpere non potuerunt, sed neque mors ipsa euellet.

Hec vera et indirupta amicicia est, quae geminorum animorum perfeccione et virtute concrescit, cuius semel inicii fedus nec desideriorum diuersitas nec mortis timor, sed neque vlla interrumpet contrarietas voluptatum. Verba sunt doctissimi *Firmiani in libro diuinarum institucionum.*[10]) Hoc quidem amicicie genere noster licenciatus variis modis ac fortunarum impulsibus probatus ad rubeum probatissimum colorem excoctus est. Nunc potens melancoliam, hoc est quamuis ingratitudinem, quae sibi soli viuit, in alios tristatur, ab se remouere, *omnibus* namque *officiosus* esse studuit, *nulli onerosus, deuotus ad deum, benignus ad proximum, sobrius ad mundum, dei servus* et *proximi socius* quae omnia vere socialis amicicie partes sunt, inquit *Hugo in libro 1. de anima.*[11]) Hunc igitur nostrum licenciatum si quis amicum et socium invenerit, gaudeat, eumque se ipso preciosum magis existimat. *Tot enim sunt falsi tot ficti totque dolosi, quod iam mundus eos dinumerare nequit. Quod*

---

1) Plin. nat. hist. 37, 4, 15. 2) Arist. eth. III 9 1115a 7. 3) Ov. rem. am. 253, 255, 256, 259. 4) Statius Theb. II 236. 5) Aem Macer de virt herb.? 6) Hor. epist. 1, 16, 75—79. 7) a. R.: Johannes Jagentewfel. 8) Enax (cf. Marbod de gemmis). 9) Ov. ex Pont. II 5, 60. 10) Lact. div. inst.? 11) (Hugo) de an. I 4, 13 (M. 184, 494 A).

si contingat socium reperire fidelem, Sit tibi pars anime dimidiumque tue, inquit *in prouerbiis* venerabilis *Alanus.*[1])

Sextus[2]) lapidi preciosissimo *Zaphiro* merito adequatur. Lapis namque hic coloris lasurii exaltat in honoribus redditque gloriosum coram regibus et nobilibus. Cui siquid de semine Marcubii suppositum fuerit, dentes malos aufert et graciam magnam confert, inquit *Albertus Magnus* in suo *lapidario.*[3]) Ita noster licenciatus licet ipse ex meritis parentum et primogenitorum nobilitatem sanguinis habeat neque verisimile sit, quod ab his degeneret moribus et benefactis *Nature* enim *sequitur semina quisque sue,* inquit eximius *Propercius.*[4]) Ipse tamen secum repetens, quod fatuum sit quemqiam sibi de alto sanguine blandiri, nisi et ipse faciat aliquid, propter quod nobilis dici valeat. '*Nil tibi maiorum respectus*' inquit *Iuuenalis*[5]) *ad Ponticum,* '*gracia nulla* Maiorum nec *te censeri laude tuorum, Pontice voluerim, si* nil *ipse future Laudis agis. Miserum* enim *est aliorum incumbere fame. Ergo ut* mirentur *te non tua, primum aliquid da, quod* possit *titulis* accedere tuis. Quis enim generosum dixerit hunc, qui indignus genere et praeclaro nomine tantum insignis? Nullus profecto. Studuit igitur virtuti operam dare et nobilibus arcium doctrinis, quae *semite sunt ad virtutes,* vt inquit venerabilis *Hugo in libro constitucionum*[6]) quatenus veram nobilitatem, quae *sola est animi, quae moribus ornat* secundum *Galterum in Alexandreidos*[7]) et *quae sola est vnica virtus* teste *Iuvenali*[8]), apprehendere possit. Quam ut apprehenderet, Zaphirum coloris affectuosi, hoc est amiciciam in omnium oculis gratam, in se pertulit.[9]) (Didicit quidem in collocucione et responsione moderata vnicuique secundum dignitatem suam affabilis esse, quae virtus plurimum conciliat *4. ethicorum.*[10]) Dentes quoque malos semine marcubii abstulit, dum grato fauore omnium detractaciones euitauit. Non enim alios in abissum deiecit et se super ethera extulit, sed medium virtutis complexus est nulli molestus, omnibus obsequens, aduersus nemini, nunquam praeponens se illis, cum quibus erat. Sic quoque facile sine invidia laudem meruit et amicos pares invenit *therencii*[11]) doctrinam. Honoribus igitur gloriosus habitus est coram regibus, hoc est: coram viris natura et racione pollentibus, qui naturaliter aliorum rectores sunt ac domini *primo polliticorum.*[12]) Magnus quidem et laude dignus reputatus est. Nunc in conspectu virorum illustrium huius inclite vniuersitatis, qui ipsum ad licenciam magisterii admiserunt, in posterum gracia magnorum dotabitur.) Pro quo ipsum his commoneo verbis[13]):

Sis pius obsequio, facundus dogmate, suauis
Alloquio, stabilis mente, fauore placens.
Quidquid agas, nunquam vicio nigretur honestum,
Fama lucro aut *rebus praeficiatur honor.*
Expectata diu tandem provincia, cum te
Rectorem accipiet pones ire frena modumque
Pones auaricie, miserere inopum sociorum,
Summum crede nephas animam praeferre pudori
Et propter vitam viuendi perdere causas.

Septimus[14]) est similis *Topasio,* qui coloris ut auri puri infrigidat hominemque castum reddit datque amiciciam, praesertim si rosmarinus cum aliquantulo hedere supponatur. Ita inquit *Alkuidus* astronomie peritissimus *in lapidario suo.*[15]) Sic ille licenciatus noster[16]) (tametsi hic in patrie sue solo cum parentibus inter

1) Alan. prov.? 2) a. R. vacat. 3) Alb. Magn. lap. II 1, II 17. 4) Prop. carm. III 9, 20. 5) Juv. sat. VIII 64, 74—76, 68—69. 6) Hugo, inst.? 7) Galt. Alex. I 104. 8) Juv. sat. VIII, 20. 9) Das Eingeklammerte paßte wohl nicht auf die Person; a. R. steht a. 10) Arist. eth. IV 12 1126b 36. 11) Ter. Andr. I 68. 12) Arist. pol. I 12 1259b 15 13) Matth. Vindocinensis hist. Tob. (MPL 205, 948 B). 14) a. R.: Martinus Conicz. 15) Alkindi, lap.? 16) Das Eingeklammerte ist wohl mit dem Vorigen (S. 28 [9]) zu vertauschen; a. R. steht b.

voluptates educatus sit; potuitque, nisi ipsi alcius ingenium fuisset, ad superbiam et lasciuiam vt ceteri coetanei contorqueri, ipse tamen) abiecta verborum ac operum superbia in artum constrixit desideria sua se ipso contentus omnia, quae monimenta petulancie sunt, abiciens reputauit cecos esse, *quibus in solo viuendi* cura *palato est,* qui *viuunt, vt edant, non edunt, ut viuere possint,* testibus *Esapo*[1]) et *Iuuenali.*[2]) Ideoque cum mensura citra cupiditatem edit et cum sobrietate bibit, victus illi ex facili fuit. Desideria sua paruo redimens cibo *a verbis turpibus abstinuit* os suum, quorum efferata *licencia* famam diminuit et *imprudenciam nutrit* secundum *Senecam in de 4 virtutibus.*[3]) Corporis sui repressit motus carnisque igneos motus frigore continencie compescuit iuxta illud *Alani in prouerbiis*[4]):

Subtraho ligna foco, si vis extinguere flammas,
Sic carnis motus, ocia, vina, dapes.

Conuersatus igitur inter hos, quorum ingenium ad libidinem inversum est, non est coinquinatus ab eis neque vllis illecebris aut muliebribus blandiciis potuit demulceri. Auro igitur puro examinatoque est similis, merito quoque singulari gloria praeferendus. Praeferetur quoque indubie, si continenciam verborum et operum, quam hactenus insectatus est, seruauerit in futuro, ad quam seruandam ipsum exhortor, quotiesque temptamenta persenserit, illud *Ouidii*[5]) docti secum repetat, commoneo:

Principiis obsta, sero medicina paratur,
Cum mala per longas inualuere moras.
Opprime, dum noua sunt, subiti mala semina morbi.
Et propera nec te venturas differ in horas
Qui non est hodie, cras minus aptus erit.
Si Venerem vitare voles, loca, tempora vita.
Nam locus et tempus pabula praebet ei

inquit *Alanus in de planctu nature.*[6])

Octauus[7]) *Smaragdo* est similis, qui, ut dicit *Enax in de sigillis lapidum*[8]), viridis coloris est, augmentat diuicias datque victorem esse in causis et rebus omnibus reddit denique deferentem tutum ab angustiis et malo. Ita licenciatus noster contra patrie sue naturas, quae montanis adiacens homines siluestres ac feros rudesque morum plerumque nutrit, didicit humanus esse pacienciеque iugo studuit ad modum coloris viridis in omnium oculis gratus esse. Similis illi maximo Socrathi, qui Apollinis Delphici probatus oraculo hoc praecipue commendatur, quia aduersus fortune incursus paciens vno eodemque vultu semper erat. Qui cum tempore quodam, ut refert Apulegius[9]), a muliere quadam increpitus esset, cur uxoribus duabus, duas enim habuit, tam dilectus haberetur, cum tam informem tamque turpem vultum haberet, pacienter respondit: quid mirum, quod tu me non diligas, neque enim in te, quae speculum turpissimum es, facies mea tam praelucida poterit resplendere. Hunc imitatus est is licenciatus noster. Neque convicia iurgiis neque iurgia conviciis repensauit, sed paciens fuit sciens oportere pacientem fore, qui in scienciis proficere volet. Legimus namque in philosophorum vita[10]), quod ad porticum studii Athenarum sedebat homo inveteratus, canosus et inportunus, convicians ac improperans nedum verbis, sed et factis illuc accedentibus. Quos si quandoque rebelles comperit, eis aditum perstrinxit. Hos vero solos, qui pacientes in ludibriis erant, veluti studio aptos admisit. Hinc mos ille inoleuit, quod hi, qui beani compellantur, molestiis ac arrisionibus affici solentur, quibus eorum paciencia comprobetur. Petitum quoque fuit a sene quodam, vt refert *Hugo in didascalicon*[11]), quae neces-

1) [Aesop = Socrates, sprichwörtlich.] 2) Juv. sat. XI 11. 3) Sen. quat. virt. IV 6. 4) Alan. parab. c. I 39 (MPL 210 582 A). 5) Ov. rem. am. 91—92; 81; 93—94. 6) Alan. de planctu nat. (M. 456 B) 7) a. R.: Leonhardus montanus. 8) cf. Marbod. de gem. c. 7. 9) Apul.? 10) vita philosophorum? 11) Hugo did. III 13 (MPL 176 773 B).

saria forent addiscere cupienti, et responsum Praecipuum esse, vt *mens* paciens sit, *vita quieta*[1]), *scrutinium tacitum*, leta *paupertas*, *terra aliena*, non erubescere petendo, sciencia adepta neminem contempnere. Que omnia tametsi profunde fuerunt in nostro licenciato, paciencia tamen prae ceteris diuicias illi immarcessibiles, quae auro et argento meliores sunt, adauxit, omnium arduorum ipsum victorem reddidit ab ipsoque delata, ab angustiis cunctis liberum dedit et dabit futuris temporibus, quam ut seruet, eum commoneat hoc *Oracii*[2]) verbum. '*Inter spem curamque, timores inter et iram Omnem crede diem tibi diluxisse supremum Grata superueniet, quae non sperabitur hora.*' Quod verbum si is noster licenciatus tenuerit, profecto paciencie iugo a malis liber ad summas diuicias euolabit.

Nonus[3]) *Iaspidi* similis est, qui lapis coloris viridis calidas febres aufert et sanguinem stringit. Cui plantago supposita febricantes releuat, vt dicit *Mercurius* trimegistus *in de virtutibus sugencium lapidum.* Hunc lapidem in se pertulit hic noster licenciatus, dum ambicionis ab se vicium, quod calidis febribus simile est, abiecit. Ut enim febrile corpus calet et peregrino calore excoquitur, ita animus ambicionis spiritu concussus, igne indomite elacionis crematur. Nihil enim ambiciosus rectum facit, omnes deprimit, se solum exaltat, nil phas, nil nephas curat, dummodo viam ad altum molitur. Recte quoque *Salustius in Cathilinario*[4]) inquit: *Ambicio multos mortales falsos fieri subegit, aliud clausum in pectore, aliud in lingua habere,* amicos et inimicos *non ex re, sed ex commodo estimare* studet, *magisque vultum quam ingenium habere.* At hic noster considerans, quod *honor* non nisi *bonis attribuendus* est *quarto ethicorum*[5]) quodque honorem poscentibus honor est auferendus, vt est apud *Tulium*[6]), modestie studuit, non diuiciis cum diuite, neque faccione cum faccioso, sed cum strennua virtute, cum modesto pudore, cum innocente abstinencia certabat et esse quam videri bonus malebat. Ita quo minus petebat gloriam, eo magis est illam consecutus.

Decimum[7]) iure lapidi preciosissimo, qui *sardius* appellatur, comparo. Cui si aristologia supposita fuerit, deferentem reddit sapientem ac intelligentem sanamque illi memoriam dat atque conseruat. Expertum namque est in principe quodam, ut refert *Albertus magnus in suo lapidario*[8]), quod, quamdiu hunc lapidem detulit, sanam et incolumem memoriam retinuit. Sic iste noster licenciatus non petulancie aut luxurie deditus, quae hostes sunt discipline, vt interroganti suo discipulo Anaximenes respondit, sed assiduitate studii memoriam sibi bonam ac optimam confecit sciens prudentis esse, vt inquit *Seneca*[9]), *aliquando animum remissum habere, solutum vero nunquam.* Non igitur illi *pulcrum fuit dormire in dies medios*[10]) noctemque super mediam potando consumere, sed ut seipsum *serva*ret, *exporrectus* est sumque *animum intendit studiis ac rebus honestis, auditorum pronus receptor* fuit[11]), *inquirenti facile respondens, contendenti cedens nec ad iurgia* decepcionesque *descendens, nullius prudenciam despexit, veri sermonis* fuit, lo*quencium tacitus auditor, sapiencie cupidus* ad omnesque discipline actus constantissimus. In bonis igitur artibus firmatus est et memoria pollet factusque est sciens et intelligens eorum, quae abdita sunt nature, ex illis quoque veram sapienciam apprehendit, quam assiduitatem si seruare, ut instituit, conseruauerit, profecto sapientissimus atque acutissimus omnium euadet.

Vndecimus[12]) *berillo* lapidi clarissimo est similis, qui clarus ut maris aqua leticiam parit atque concordiam, praesertim si sap(u?)ina illi supposita fuerit, graciam dat et discordiam sedat, ut dicit *Hermes* antiquorum peritissimus. Ita noster licenciatus clarus moribus nihil fellis sermonibus, quos audit, intermiscet, sed moderate

1) Hugo did. III 14 (MPL 176 774 A). 2) Hor. epist. I 4, 12—14. 3) a. R.: Symon wenth de franckfordis. 4) Sall. Cat. c. 10, 5. 5) Arist. eth. IV 7 1123 b 35. 6) Cic. 7) a. R.: Johannes czwiger presbiter. 8) Alb. Magn. min. II tr. II 17. 9) Sen. quat. virt. II 8. 10) Hor. epist. I 2, 30—32, 36. 11) Sen. quat. virt. IV 13, IV 17. 12) a. R.: Jacobus gislow.

laudat atque in bonum conuertit *4. ethicorum*[1]), licet quoque omnes in irrisiones proni sumus iuxta illud *Oracii in epistolis*[2]): '*Discit enim cicius meminitque libencius illud, Quod quis deridet, quam quod probat et veneratur.*' Hic tamen noster facetis moribus didicit omne, non vertens in risum ac iocum omnia, quae uel decora uel dedecora essent, sed neque agresti asperitate sese lusibus ac iocis eximens didicit pro loco ac tempore *seriis iocos miscere, sed temperate et sine detrimento dignitatis*, honoris, reverencie sive *verecundie* sciens iuxta *Senecam in de 4 virtutibus*[3]) *reprehensibilem risum aut iocum esse, si immoderatus, si pueriliter effusus, si muliebriter factus, odibilemque facere hominem*, si elatus probetur. Quociens ergo *tempus* ac locus *posc*ebant, sic se tenuit, ut nemo hunc velut agrestem ac *asperum* nullo risu uel *uilem* tanquam nimium condempnaret. Sauinam igitur herbam detulit, dum iocundis salibus, quae sine reprehensionibus erant, graciam in oculis omnium meruit. Discordia ergo suis benignis vocibus edomita leticiam illi et famam apud plurimos adauxit et auget in posterum, si recto calle virtutis, quae viciorum medium est, processerit.

Duodecimus[4]) *magneti* non immerito comparandus venit, qui lapis coloris ut color ferri ferrum attrahit, cui flos cicore suppositus deferentem ab incantacionibus tutum reddit, ut quoque intrepidus, quo velit, pergat. Procul dubio concedit. Ita inquit *Mercurius* in locis praememoratis sepe. Ita noster licenciatus licet ceteris nature dotibus, elegancia corporis vultusque claritate emineat, eloquenciam tamen, quae non leni verborum sonitu concussa est et scienciarum pondere plena nigro suffusa est, coluit, qua ferrum, homines scilicet seuos ac feroces, in sua vota attrahit ac compellit. Sic enim legimus[5]) Amphionem Thebarum conditorem lira sua tam dulciter cecinisse, quod saxa et lapides locis suis moti sua sponte se muris Thebanensibus applicuerunt. Sicque Orpheum poetarum antiquissimum solitum in montibus Traciis lira canere, montes, siluas atque feras traxisse post se lire sonitu, meminit antiquitas. Quod interpretatus ille eximius poeta *Oracius* in libro *poetrie*[6]) veteris sic inquit: '*Siluestres homines sacer interpresque deorum Cedibus et victu fedo deterruit Orpheus Dictus ab hoc lenire tigres rapidosque leones, Dictus et Amphion Thebane conditor arcis Saxa* mouisse *sono testudinis* (id est: lire) *et prece blanda, Ducere quo vellet.*' Hi enim blandis eloquiis vsi humanum populum asperum ac incultum, qui ferino more inter siluas ac nemora bestialiter latuit, commouere, quatenus humanitatem ageret, cedes mutuas vitaret, *concubitu vago*[7]) abstineret *opida*que muris augeret. Dicti igitur sunt leones domuisse. Hac quoque dote superbus noster licenciatus ab incantacionibus et decepcionibus quibuslibet tutus, quocunque voluerit, pertransibit Similis illi expertissimo Vlixi[8]), *qui* licet *domitor Troie multorum mores vrbes*que videret *latamque per equor* euagatus in decimum annum *multa* intolleranda et apud sirtes et sirenes *pertulerit*, ni tamen sibi eloquencia affuisset, sub Circe incantatrice pulcherrima in turpem formam cum sociis mutatus fuisset *vixisset*que *canis immundus* et *turpis et excors*, sed profuit illi flos albus, quem sub radice nigra a Cillenio Mercurio recepit, quo dictis contraria dicta repulit et, ceteris multis illic vlulantibus ipse solus cum sociis, quorsum voluit, illesus fuit.

Tredecimus *Crisolito* est similis, qui coloris ut aurum lucidum gestatus cum supposicione saturegie stulticiam fugat et sapienciam confert, terrores melancolicos aufert et curat spiritualia, ut scribit *Enax in de sigillis lapidum.*[9]) Magna est vis huius lapidis, quae a stulticia eximit et sapienciam confert, quae paucissimis hominibus est cognita, vt inquit *Termegistos Mercurius. Omnibus* enim *in terris quae sunt a Gadibus*, hoc est: ab occasu *vsque ad auroram et Gangem*, qui fluuius est

---

1) Arist. eth. IV 12 1126 b 29. 2) Hor. epist. II 1, 262—263. 3) Sen. quat. virt. IV 7. 4) a. R.: va = 12—15 werden nicht verwendet. 5) Hor. epist. II 394. 392. 6) Hor. epist. II 392—396. 7) Hor. epist. II 3, 398. 8) Hor. epist. I 2, 19. 9) cf. Marb. de gem. c. 11.

orientis *Pauci dinoscere possunt vera bona* animi, inquit *Iuuenalis* in *libro 4⁰ suarum satirarum.*[1]) Praecipua animi autem *virtus est vicium fugere Et sapiencia prima stulticia caruisse,* inquit *Oracius libro epistolarum*[2]), quod profecto bonum pauci referunt. *Latet* namque *vicium proximitate boni,* inquit *Ouidius*[3]) et *specie recti decipimur*[4]), dum sepe quod malum est, bonum, et quod bonum est, malum esse iudicamus. *Crebro siquidem,* ut inquit *Seneca*[5]), *faciem mendacii veritas obtinet et crebro mendacium specie veritatis occultatur.* At hic noster omnia praeexistimans ac perpendens dignitatem in rebus non ex opinione multorum, sed ex earundem racione constituit. Nihil enim nisi quod vtile fuit, complexus est, sed et nouit nihil vtile nisi idipsum et honestum, esse, vt dicit *Tullius in libro 3⁰ officiorum.*[6]) In quo multi decepti sunt arbitrantes aliud vtile aliud honestum esse. Qua stulticia hic noster licenciatus caruit, quia omnibus affeccionibus animum destituit Et ideo sapienciam veram adeptus est, que spiritualia curat et terrores melancolicos, qui varios errores pariunt, ab se fortiter dimouit.

Decimus quartus *Calcedonio* merito comparatur, qui lapis graciam confert deferenti eumque, qui cum maiorana gestaverit, incolumem conseruat. Studuit namque hic noster licenciatus virtute humilitatis specialius relucere, quae virtus est nos retrahens, ne racione bonitatis et delectamenti, quae in rebus honorificis sunt, efferamur ultra, quam racio poscit. In hoc namque aliqui superabundant persequentes honores et excellencias plus, quam satis est, alii vero honores nimium fugiunt, quorum neutri ad virtutem perveniunt. Si quis namque ultra, quam status requirit, praeter racionem et naturam se deiecerit, hic vilis et abiectus habetur iuxta illud *moralis*[7]): *Sis humilis mediante modo, nimium fugiatur, Qui nimis est humilis, hic pro stulto reputatur.* Sunt et nonnulli, qui specie humilitatis excellenciam quaerunt diminuendo se nimium, vt honorentur, propter quod philosophus *4ᵗᵒ ethicorum*[8]) gentem Lacedemoniorum iactatores et superbos appellat, quia contra morem gentis vilibus vestibus induebantur credentes ex hoc honorem ipsis deberi et excellenciam. Noster autem licenciatus hac virtute praeclarus considerato proprio suo defectu non tetendit in ardua nec se in infima deiecit, sed medium tenens in humilitatem se dedit considerans illud *Ptolomei*[9]), quod inter sanctos ille sanccior est, qui humilior existit, et quod *deus superbis resistit, humilibus* vero *graciam largitur.*[10]) Quam ille noster licenciatus consecutus est et in futuro consequetur, si ab humilitatis tramite non declinabit.

Decimus quintus *Onichino* comparatur, qui coloris nigri hominem audacem, animosum, mala cogitantem et maledicentem reddit facitque somnia parva somniare et fugat demones, praesertim si quid de lingva rane et lapacio fuerit suppositum. Adeptus namque est hic licenciatus veram sapienciam, quae cum in abscondito latet et paucissimis nota est teste *Mercurio termegisto* omnium egipciorum primo philosopho nigra dicitur. *Omnis* namque *mortalium cura, quam multiplicium studiorum labor exercet, diverso quidem calle procedit, ad vnum tamen beatitudinis,* quae vera sapiencia est, *finem nititur peruenire,* inquit *Boethius* in de *consolacione philosophie libro 3⁰.*[11]) Omnes quidem quaesiuerunt, sed nullus invenit. *Socrates*[12]) namque *et ipsum secuti achadimici* eo, quod opinionibus regebantur neque varias rerum causas indubitatas reddere potuerunt, omnem scientiam *sustulerunt* e medio. Interrogatusque Socrates, quid sciret, ait se illud solum scire, quod sciret nihil. *Zeno* vero *ac stoyici* nihil opinabile crediderunt, quia omnia, quae sunt, encia sunt, ergo varia sunt. Nihil ergo dubii rebus inesse poterat apud eos, quae ut sunt, in veritate consistunt. *Archesilaus* antiquorum doctissimus *omnium reprehensiones inter se colli-*

1) Juv. sat. X 1—3. 2) Hor. epist. I 1, 41. 3) Ov. ars. am. II 662. 4) Hor. epist. II 3, 25. 5) Sen. quat. virt. II 4. 6) Cic. off. III 30, 110. 7) Facetus I 29, 30. 8) Arist. eth. IV 13 1127b 28. 9) Ptolemäus? 10) Jac. 4, 6. 11) Boet. phil. cons. III, pr. 2. 12) Lact. div. inst. 3, 7. 4, 1. 4, 11.

gens armauit se (racionibus) *aduersus omnes instituens duo philosophiae genera. Alterum, quod scientiam detrahit, alterum, quod scienciam vindicauerit.* At nullus ex his, quae vera sapiencia esset, concludere valuit. Sed hic noster licenciatus omnibus his doccior, postquam post fidei sacratissime decus sacerdocio functus est, iam invenit veram sapienciam, quae omnem illuminat hominem. Illi famulatur, illam colit et suis tractat manibus, quae ipsum aduersus insidias audacem praebet redditque eum mala cogitantem, non ut ea faciat, sed ut euitet, vt quoque maledicentibus deo vero et nomen eius exprobrantibus maledicat, somnia parua illi suggerit, quia erroris illusionibus hunc fieri a fide deuium non permittit.

Vltimus[1]) vero licenciatus noster et si omnium priorum virtutes in se recolligat, pro speciali tamen laudis praeconio is mihi *Cornelio* lapidi comparandus videtur, qui, ut refert *Enax*[2]) philosophus maximus gestantis iram mitigat et superbiam extinguit. Sic noster licenciatus licet multis aduersitatibus in vita sua respersus fuerit, *mansuetudine* tamen, *quae virtus condonatiua est 4*^to^ *ethicorum*[3]) *passiones* repressit et vindictam omisit sciens animi pusilli et parui esse vindictam exposcere, qua *nemo magis gaudet quam femina*, ut inquit *Iuuenalis.*[4]) Iram itaque, quae ad vindictam impellit, a se remouit considerans iratum minus prouidere posse, cum iam plerumque cum furore sit, vt dicit *Seneca*[5]), qui rectum non discreuit *primo Rethoricorum*[6]), et qui nihil magis poscit quam vindictam *4. ethicorum.*[7]) *Cunctis*[8]) igitur *benignus* fuit, *nemini blandus, seuerior iudicio quam sermone* et seuerior *vita quam vultu, clemencie cultor, seuicie detestator*, nullius *secreta prodidit, tacenda tacuit, loquenda locutus est*, superbiam repulit, non irritans nec irritatus factusque est gratus et acceptabilis doctissimis viris, quo laudem non minimam consecutus est. *Praecipuis* enim *placuisse viris non infima laus est*, inquit *Oracius in libro epistolarum.*[9]) Hanc virtutem vt seruet ipsum vehementer commoneo, a qua ne deuiet, illud *Galteri in allexandreidos*[10]) sedulo commemoret, iubeo: '*Non desit pietas, pudor et reuerencia recti, Legibus insuda, ciuiliter argue sontem, Vindictam differ, donec pertranseat ira, Nec meminisse velis odii post verbera, si sic Vixeris, eternum extendas in secula nomen.*' Et nedum his virtutibus nostri licenciati comparandi, sed et praeter has virtutes diuinis perspicui videntur et altis speculacionibus fulgentes, vt merito verba in exordio thematis assumpta de ipsis dici possint: '*Sunt illis mores, alta ingenia sunt quoque.* Et tantum de primo.

Dixi 2^0 et breuius, quod domini nostri licenciati redduntur commendabiles ex alta et stabili eorum contemplacione, qua interiorem mentis potenciam erexerunt. Ipsi namque arcium secreta perscrutati sunt nunc ex causis effectuum, nunc ab effectibus causarum dignitatem inquirendo. Arcium itaque disciplina, tametsi omnis sciencia non sit neque omnem includat formaliter, omnem tamen scienciam docet. *Quicunque* enim, inquit *Hugho in didascalicon*[11]), *ad scienciam cupit pertingere, si relicta arcium veritate reliquis se implicare voluerit, materiam laboris plurimam inveniret et exiguum fructum. Quapropter mihi inprimis videtur operam artibus dandam esse, quae fundamenta sunt omnium.* Hos itaque vehementer *errare* comprobo, *qui* relictis artibus *quasdam sibi* sciencias *delegunt, in* quibus *se posse perfectos fieri putant.* Haec ille.[12]) Ipsa quidem nostra arcium facultas debitum loquendi modum instruit, linguas balbuciencium disertissimas facit, verum a falso secernit, ingenium subtiliat, rerumque inquirit naturas, numeros metitur sonitusque mulcet, libransque pondera, celi supermeat axem, mores corrigit, vicia exturbat virtutesque plantat, domesticam communitatem regit, pollitic am ornat et ad summam philozophiam allicit. Huius inclite facultatis scrutatores fidelissimi erant domini nostri licenciati. Ideoque

1) a. R.: Fredericus reychardt de wrate. 2) cf. Marb. de gem. c. 22. 3) Arist. eth. IV 11 1126a 2. 4) Iuv. sat. XII 191, 192. 5) Seneca epist. 8, 15; dial. IV 36, 5. 6) Arist. rhet. I 1 1354b 10. 7) Arist. eth. 1126a 28. 8) Sen. qual. virt. IV 15; V 5. 9) Hor. epist. I 17, 35. 10) Galt. Alex. I 178, 180—183. 11) Hugo did. III 4 (MPL 176 769A). 12) Hugo did. III 5.

laudem ac decus meruerunt congruumque est, vt in horum numero, qui eam professi sunt, assumantur. Ipsi namque viris doctissimis honestate morum praediti ardentibus eorum desideriis se iunxerunt non superbi, non fastuosi, sed ab omnibus doceri solliciti repetentes secum, quod scribit *Hugo in didascalicon.*[1]) Oportet enim, inquit, vt *prudens* auditor *omnes audiat, omnia* audiat, *non scripturam, non personam spernat,* nullius *doctrinam* vituperet, *ab omnibus indifferenter, quid sibi defuerit quaerit,* et *non quantum sciat, sed quantum ignoret, consideret.*

Nichil itaque de seipsis domini nostri praesumpserunt, cum tamen, qui de seipsis bonum existimant, veridicum reputant, ut *Enax* praecepit philosophus. Neque tamen ex hoc laudis iudicio se extulerunt timentes, ne, si quid de se laudis dicerent, famam sibi bonam minuant, vt dixit *Varro*[2]) *omnium grecorum et latinorum* teste *Lactancio*[3]) *doctissimus.* Ita ergo potenciam intellectiuam perfecerunt, vt haud graue illis sit visum erigere ad ea, quae aliis incognita sunt et ad quorum intuitum ceterorum visus hebet velut oculi nocticoracis 2^0 *metaphisice.*[4]) Ipsi enim doctrinis arcium et philosophie grauibus moribus instituti affecciones omnes, quae mentes collidunt, repulerunt, quo illis veritas patefacta eos ad vere sapiencie speculacionem induxit. Iuxta illud *Boecii in de consolacione philosophie libro primo* met^0 *vlt.*[5]) *Tu quoque si vis lumine claro cernere verum, gaudia pelle, pelle timorem spemque fugato Nec dolor assit, nubila mens est vinctaque frenis. Nemo* namque *viuit in hac vita intellectuali* videlicet, *nisi qui circumlustratus diuinis splendoribus contemnat, quae extra se sunt, circa corpus se eximens ab immoderancia passionum, quae circa corpus coherencia* inquit *Eustracius circa* 4^{tum} *Ethicorum.*[6]) Hoc attendentes domini nostri licenciati hac tempestate nostra, qua totus orbis in auariciam grassatur, qua omne hominum genus cupidini indomiti census immersum est, non auaricie, quae *pecunie studium habet, quam nemo sapiens concupiuit* teste *Salustio in catilinario*[7]), non ambicioni, quae virtutis specie grassata virtus non est teste *Plutarco*[8]) philosopho, non luxui, qui *mentis morbus* est et *forcia frangens pectora* teste *galtero in allexandreidos*[9]), Sed temperancie, continencie, modestie ac humilitati studuerunt factique sunt scienciarum amatores moribusque praestantissimis philosophis pares.

Primus namque, quem temperancia prae ceteris moribus commendat, *similis* est illi Samio *Pitagore,* quem, ut inquit *Ouidius in metamorphoseos,* quia vita temperatissimus moribusque grauissimus erat, natura bis nasci voluit, posteris ut virtutem coleret in exemplum. Meminit namque, vt *Ouidius*[10]) commemorat, Pitagoras se longo tempore ante in bello Troyano Eupforbum dictum ex uulnere a Menelao recepto interiisse, rursus vero sub Numa altero romanorum rege renatum, vt homines ad temperenciam reuocaret. Hic nephas horridum putauit carnibus vesci, quae incitamenta luxurie sunt, totoque vite sue euo carnibus abstinuit *et ventri indulsit non omne ligumen,* ut refert *Iuuenalis.*[11]) Speculum igitur temperancie fuit tantisque effulsit doctrinis ac moribus, ut Plato omnis Atheniensis studii decor ac fons sitibundus adhuc pitagorici dogmatis exul terram peragrauerit duraque passus fuerit sub Dionisio siculorum tiranno.

Secundus *Thalcti* milesio similis est, qui referente *Ennio in sacra historia* primus naturalis philosophie repertor, ex aqua omnia nasci instituit, in id tamen magnitudinis processit, vt deum mentem esse diceret, quae ex aqua cuncta formaret. Merito igitur hic commendari debuit, qui abdita nature primus omnium investigauit. Qui licet non sine erroribus fuit, non minus tamen laudem meruit, cum ipse ceteris, id quod verum est, inquirendi suis erroribus occasio fuit. Non enim, ut

1) Hugo did. III 14 (MPL 176 774 A) = Thomas Hibernicus, man. flor. Stud. a. 2) [Varro] sententiae Nr. 142 (P. German. 1910). 3) Lact. div. inst. I 67. 4) Arist. met. II? 5) Boet. phil. cons. I, m. 7 = Thom. Hib. man. flor. Stud. s. 6) Eustr. comm. in Arist. XX (Heylbut). 7) Sall. Cat. c. 11, 3. 8) Plutarch? 9) Galt. Alex. I 165. 10) Ov. met. 15, 160. 11) Iuv. sat. XV 174.

est *apud philosophum in elenchis*[1]), his solum grates debemus, qui benedicentes sunt, sed et his, qui errantes mala senserunt, cognitis namque extremis ad medium iter facile patebit.

Tercius *Dyogeni* sua prudencia comparatur, qui in omnem partem prudenciam tenuit, nullas divicias, nullos honores nichilque, quod terrenum est et casu pendulum, concupiuit. Nouit namque talia fortune dona existere, quae continue ludum suum ludens, rotam orbe versat volubili, nunc infima[2]) summis nunc summa infimis commutans, quae si quandoque inuersa fuerit, haud facile foret non animo commoueri. Repulit igitur haec omnia seque diciorem Allexandro reputauit, cum dolium volubile, quod sibi domus erat, vertere in quam partem vellet, ipsumque confractum subito reficere posset.

Quartus animi fortitudine *Anaximeni* magno similis est, qui cum in faciem Pisistrati tiranni dura profudisset adeo, ut omnes, quibus sua tirannis nota fuit, anxii de philosopho vite sue ad modum timerent, interrogatus a tyranno, num seuiciam eius vereretur, respondit sese scire moriturum aliquando, nil igitur timoris a se uel altero tiranno timere, qui mortem suam, quam forsan multo vite sue dispendio exspectaturus esset, breui fortasse tempore interciperet.

Quintus *Theseo* viro magnanimo similis est, qui amore Perithoi, quem seipso cariorem existimauit, ad inferos, ut in fabulis est, descendit, hoc est: pro amico omnibus curis omnibusque mortis generibus se exposuit, firmauit quoque illi animum aduersus fortune impetus, vt nil nouum grauitatis sibi accidere putaret, vnde scribit *Cicero*[3]) eum *apud Euripidem* solitum dicere: omnia praeterita memini *futurasque mecum commentabar miserias aut mortem acerbam aut exilii mestam fugam aut semper molem aliquam meditabar mali, vt si qua in*iecta duritas casui *foret, ne me cura laceraret repens.*

Sextus *Aristippo*[4]) Socratis discipulo similis est, qui in curiis nobilium versatus aulicisque sordibus intermixtus coinquinari non potuit, omnibus conuersabilis omne didicit omnibus gratus. Hunc cum Dyagines olera lauans transeuntem vidisset, si, inquit, hoc edere didicisses, atriis tyrannorum minime inseruires. Cui ille tu, inquit, si hominibus loqui nobilibus didicisses, olera merito fastidires.

Septimus *Theofrasto* adequatur, qui in *libro*, quem *de nupciis*[5]) confecit, refert ad philosophum nil amplius continencia attinere. *Nec* enim, inquit, *poterit quis philosophie et vxoribus inseruire,* cum vtraque insolens domina sit, quae hominem totum poscit, sed per incontinenciam impediuntur philosophie studia, ad quae discenda nati sumus. Hic accusasse dicitur naturam, quia ceruis et cornicibus vitam diuturnam concessit, quorum nil interfuit, hominibus vero quorum plurimum interfuit, tam exiguam vitam dedit. Quorum etas si longior foret, omnibus profecto bonis artibus erudiretur eorum vita. Questus igitur se cum primum sapere cepisset, morte extingui.

Octauus *Socrati* Platonis magistro comparatur, qui in omni genere paciencie probatissimus fuit adeo quidem, vt discipulo suo, quo delatore bibere venena compulsus est, noluit potum porrigere, sed paciencie panno velatus illius seuiciam dura paciencia vicit. Hic ut refert beatus *Ieronymus ad Iouinianum*[6]), cum vxorum suarum iniuria (duas enim habuit) domo pulsus est forisque ad limen consedisset vrina *perfusus* non egre pertulit, sed se stulticie arguit, quod ibi consederit, dum sciret post fulgura et pluuiam esse futuram.

Nonus *Cathoni* viro grauissimo, quo vite magis integer non est adhuc inventus ullus, vt inquit *Cycero*[7]), non immerito comparatur. Illi namque seueritas magna ac constancia dignitatem addiderant. Non animum induxerat laborare, vigilare, negociis plurimis intendere, nichil poscentibus denegare, quo famam sibi praeclaram

1) Arist. soph. elench. 33 183b 25; 184b 8. 2) Hor. Od. I 34, 12. 3) Cic. Tusc. III 14, 29. 4) Val. Max. IV 3; Hor. epist. I 17, 13. 5) Theophr. de nupt. aus Hier. adv. Iov. [Theophr. ed. Schneider 1821, V 221]. 6) cf. Hier. ad Iov. I 48 (MPL 23 316). 7) Cic. Cat. mai.

efficeret, Sed ut ille noster modestie studuit, non de diuiciis certauit nec popularem famam voluit, sed pro pudore, pro abstinencia et pro integritate vite pugnauit. Talis est igitur illi honor datus, quem nulla vnquam poterit abolere vetustas.

Decimus *Xenocrathi* Aristotelis discipulo similis est, qui sanam sibi memoriam ex profundissimis scienciis assiduitate studii confecit. Hic ut inquit *Tullius libro 1. de deorum natura*[1]), summus omnium benedicencium in conspectu deorum indicatus est tantisque fuit studiorum desideriis, vt de ipso dictum existimenus, quod si pedem alterum in grabato teneret, nec dum, nisi et mors alterum caperet, a studio desistere vellet.

Vndecimus *Democrito* magno est similis, qui omnia mundi transitoria paruipendens quotquot huius seculi homines pro honoribus ac rebus transitoriis solicitos vidit, ridebat, non risu quidem vago et indignante, sed eo, qui faceciis comptus leni suasu dura pectora mollit. Sunt namque multi, cum quibus si quid aspere dictum actumve fuerit, recalcitrant efferatisque moribus contraria agunt, qui tamen pudore innato confusi lenibus quandoque lusibus ad rectum reducuntur.

Duodecimus *Orpheo* poetarum primo et doctissimo comparatur, qui tanta eloquencia fulsit, vt *deorum interpres*[2]) dictus fuerit. Hic inter Argonautas dum nauis apud Lemnium turbine muliebri fere confracta esset, lira tempestatem dicitur sedauisse, quod Ennius interpretatus ait mulieres Lemnicides pulsis maritis aliquibusque in cedem ductis in advenienta Argonautas tantis viribus vsas esse, quod nisi dulcis facundia Orphei obstitisset, nil Herculis audacia, nil Thelamonis virtus, nil Castoris et Pollucis filiorum Iouis deitas profuisset.

Tredecimus *Parmenidi* philosophorum antiquissimo comparatur, quem in rupe sedentem loycamque addiscentem comperimus, qua separatis falsitatum et erroris nebulis, quid verum sit, exquireret stulticiamque, quae sepe bona iocundior aspiret, effugeret. Ad verum igitur ut ille noster peruenit seque vero in doctrinis et operibus armavit.

Quartus decimus *Anaxagore* comparatur, qui narrante *Valerio Maximo*[3]) praediues et multis abundans possessionibus cum quaerenti discipulo, quidnam ad scienciam conduceret, respondisset humilem mentem ac vitam inopem summo opere necessarias esse, nolens consilium suum in seipso deficere, abiectis possessionibus humili mente exulauit discendi gracia. Cumque post longa tempora patrios agellos reuiseret desertos ac incultos, gaudio inquit hos perditos esse, qui *nisi periissent, ego saluus non essem.*

Quindecimus philosopho maximo et diuino similis est. *Auicebran*[4]) appellatur, a quo et theologi, qui theoretice insistunt, modum speculandi sumpserunt, qui solus in *libro* suo, quem *fontem vite* vocari voluit, principium primum per voluntatem agere dogmatisauit et intellectum. Voluit enim, quod omnis operans per intellectum in seipso conceptiuam habet tanquam ex eleccione actorem determinantem, per quam pocius vnum quam aliud in esse producit.

Vltimus vero licenciatus noster *Platoni* diuinissimo philosopho comparatur, qui a sui ipsius doctrina non dissidens, quam *in libro de educacione liberorum*[5]) dat, oportere eum, qui se studiis bonarum arcium confert, mansuetum esse, non rigidum, lenem, non asperum, fuit mansuetissimus nullisque potuit passionibus a clemencia reuocari. Tante namque mansuetudinis fuit, ut seruum ex fuga retractum nedum castigare non potuit, sed neque dum iussus ut cederetur, cedi videre non valuit.[6]) Ex quibus omnibus patet, qualis sit nostrorum licenciatorum conuersacio, qui mores, quale ingenium. Supremum namque gradum in scibilibus sunt amplexi, parati de omnibus reddere racionem et per naturam boni sunt et moribus decorati

1) Cic. nat. deor. I 13, 34. 2) Hor. epist. II 3, 391. 3) Val. Max. VIII 7 extr. 6. 4) Avicebran. 5) Plato de educ. lib.? 6) cf. Val. Max. IV 1 extr. 2.

suaque ingenia in profundissima extulerunt, vt iuste pro generali laudis praeconio verba thematis assumpta probentur. *Sunt illis mores, alta sunt ingenia quoque.* Que fuerunt verba in principio collacionis proposita et taliter, ut audistis, introducta.

In quibus quidem verbis pro recommendacione dominorum licenciatorum duo breuissime innuuntur: primo virtutis ornatiue in existencia, quae se ad alterum exhibet honeste ac laudabiliter, cum praemittitur: *Sunt illis mores. Morati* namque et *virtuosi* exemplar aliorum sunt *et mensura vniuscuiusque* secundum virtutem viuentis *ix Ethicorum.*[1]) 2⁰ tangitur intellectualis virtutis eminencia, qua racionem perficit abunde et subtiliter, cum concluditur: *Alta sunt ingenia quoque.* Ingenium namque opportebit aptum dispositumque existere, ut sciencia acquiratur. Neque enim poterit homo sciencias nobiles comprehendere nisi per gradus anime, quando anima eminet et perfecta est et sanctificata ab immundiciis, quae cum ea incarcerate sunt, vt scribitur in *libello de morte Aristotelis.*[2]) Primum probat actuale virtutis exercicium, quo vniformiter moribus ornatur, Cum praemittitur: *Sunt illis mores.* Habent enim et habuerunt virtutum *exercicia*, quae cum *mensurata* fuerint, virtutem *saluant* et habitum *2⁰ ethicorum.*[3]) 2um concluditur intellectualis racionis viuacitas, qua alta subtiliter speculantur, cum subditur: *Alta ingenia suntque.* Ipsum namque *venerabile soli sortiti ingenium diuinorumque capaces Atque exercendis capiendisque artibus apti. Sensum a celesti* traxerunt protinus *arce*, inquit *Iuuenalis in libro satirarum*[4]) Racione primi gloriose ditati sunt morum habitibus et philosophorum doctrinis. Quia *sunt illis mores.* Licet enim inter animalia homo corpore magis sit erectus, *prona cum spectent animalia cetera terram, Os homini sublime dedit iussitque videre Celum et erectos ad sidera tollere vultus. Ouidius primo methamorphoseos*[5]), donis praeterea naturalibus ac potenciis anime sit ornatus parque substanciis separatis, quantum ad nobilissimas potencias, ad intellectum et voluntatem. Nihilominus tamen non tam ex illis ex natura coherentibus quam ex virtutibus, quae uel assuetudine uel doctrina maiorum comparantur *4to ethicorum*[6]), gloriosus efficitur, *gloriosum* namque est in se gerentem, *quod omnes appetunt aut multi aut prudentes aut boni primo rethoricorum.*[7]) Racione 2^{i} intellectus eorum ad agnicionem supernorum eleuati sunt, quia *sunt illis ingenia.* Ingenia namque habent, per quae tenebrosam mentis caliginem abiicere et se in archana divinitatis poterunt conferre. Ipsi namque hic per doctrinam invenire properant, quod in futura vita, cum velut splendor firmamenti effulserit, facietenus videbunt. Quater ipse deus in se capit omnia rerum nomina, quae non ipsa dei natura recusat, qualiter *vna*[8]) *manens simplex eterna potestas, Fons, splendor, species, vita, virtus, finis, origo, Ingenitus genitor, viuens, deus, vnicus auctor, Vnus in vsia, personis ternus in vno. Qua racione patris speculum, lux, splendor, ymago Filius est a patre deo, deus vnus et idem, Principium de principio, de lumine lumen, Sol de sole micans, Splendor productus ab igne, A simili similis, a vero verus, ab vno Vnus, ab eterno nascens eternus, ab equo Equalis, bonus a summo, sublimis ab alto.* Qualiter *ardor, amor, concordia, forma duorum Spiritus est, in quo proprie pater oscula proli Donat et in nato sese pater invenit, in quo Se videt ipse parens, dum de se nascitur ipse Alter et ingenito splendet gignentis ymago.* Quae omnia ut cum nostris licenciatis conspicere valeamus, nobis concedat ea veritas, quae verbum patris est in secula benedictum.

Quantum ad actus vltimum restat accio graciarum. *Tullius* enim *in primo libro officiorum*[9]) ait: *Nullum enim officium referenda gracia magis necessarium est.* Et vere sic necessarium, vt recte illum stultum dixeris inhumanum, agrestem et barbarum, qui nec graciam habet nec beneficiorum vices recompensat. In primis

---

1) Arist. eth. IX 4 1166a 12. 2) Arist de morte? 3) Arist. eth. II 1 1104a 17. 4) Iuv. sat. XV 143—146. 5) Ov. met. I 84—86. 6) Arist. eth. X 10 1179b 20. 7) Arist. rhet. I 5 1361a 25. 8) versus? 9) Cic. off. I 15, 47.

itaque ago gracias omnipotenti deo, cui cum *Matheo Vindocinensi*[1]) dico: *Imperium tibi sit,* tibi laus, *rex Christe,* redemptor, *Gloria, maiestas, laus, dyadema, decus.* Sueque praecelse genitrici virgini Marie gracias ago, quia porta est, *sine qua non itur ad astra,* Cum omnibus celestibus spiritibus, quorum omnium praedictorum laudes ad plenum humana imbecillitas nequit promulgare. Deinde ad inferiora descendens grates refero generosis et nobilibus dominis *principi de Anhald* aliisque comitibus et dominis ex nobili praesepio educatis, dehinc refero gracias Venerabili viro et domino *Johanni Valkenhagen* Ecclesie sancti Thome huius oppidi praeposito bene digno, insuper graciarum acciones refero spectabilibus et venerabilibus sacre theologie professoribus praeceptoribusque meis semper gratissimis, Et specialiter Egregio viro et domino *Nicolao Lacman* prouincie saxonie generali ministro, doctori sacre pagine famosissimo et domino *Cristiano,* qui cum praenominatis gratis suis praesenciis hunc actum decorabant, iuriscanonici ac medicine doctoribus, facultatis arcium decano bene digno Et amicis huic actui praesentibus Magistris omniumque facultatum baccalariis ceterisque suppositis offero dominos nostros licenciatos nouellos et me ad quaeuis beneplacita similia atque maiora. Amen.

Traditio insignium.

Handschrift Nr. 158 Bl. 156^a—158^a.

Recommendacio nouelli magistri pulcherrima.

In praesenti actu diuino suffragante praesidio tria per ordinem faciam. Primo quaestionem domino nostro inceptori determinandam proponam. 2^0 breuissima recommendacione praemissa domino nostro licenciato insignia magistralia tradam. 3^0 et ultimo graciarum acciones referam.

Quantum igitur ad primum, domine licenciate, quaestio[2]) per vos determinanda est ista: Vtrum ec.

Expedito primo venio ad secundum, per quod restat dominum nostrum inceptorem in signum victorie, laudis, honoris et glorie insignibus magistralibus coronare. Qui enim morem hunc instituere, Celeberrimi patres et domini Magistri, doctores ec. vt illius laus et praeconium summo honore amploque praeconio celebraretur, qui in rigidissimo temptamine et subinde acutissimo examine ut fortis pugil agonisando triumphauit, rem tum laude dignam tum in secula admirandam excogitasse videntur. Dignum enim est, vt vnicuique proficiat labor suus. Vix quoque illum invenires, inquit *Tullius libro primo officiorum*[3]), *qui laboribus susceptis periculisque* perceptis, *non quasi mercedem rerum gestarum desideret gloriam,* quae si dignis collata fuerit, profectus illorum animos in alta criget. Non enim '*paruas animo dat gloria vires Et fecunda facit pectora laudis amor*', dicit ingeniosus *Ouidius Naso.*[4]) *Fama citat laudem, laus praemia, praemia mentem, Mens studium, studium dogmata, dogma decus,* inquit *Matheus Vindocinensis in historia Tobie.*[5]) Cum igitur laus et *honor virtutum praemia* sunt *4to ethicorum*[6]), iustum est, ut is, qui virtutibus bonisque scienciis dotatus est, copiosis laudum praeconiis efferatur. Qualem esse iure credimus hunc nostrum licenciatum, qui bonis artibus diucius exercitatus per diligenciam sedule attencionis, per memoriam firme retencionis, per abilitatem bone discrecionis creuit atque prae aliis suis coetaneis notabiliter profecit meritoque ob id nomen philosophi sortitus est, cum sciencie amator existit. In ipsius ergo laudem et praeconium assumo verba philosophorum principis in moralibus[7]) suis disertissime digestis thematice dicendo: *Dignus est, ut philosophus vocetur.*

1) Matth. Vind. hist. Tob. epil. (MPL 205 978c). 2) Die quaestio ist nicht angegeben. 3) Cic. off. I 19, 65. 4) Ov. trist. V 12, 37. 5) Matth. Vind. hist. Tob. c. IV (MPL 205. 952 A). 6) Arist. eth. IV 7 1123b 35. 7) Arist. eth.

Praestantissimi patres et domini colendissimi. *Pitagoras*[1]), enim qui *intellexit nullo humano studio posse ad sapienciam pervenire, dum pauloplus saperet quam priores* ante eum, *qui se sapientes putauerunt, cum ab eo quaereretur, quemnam se profiteretur, respondit philosophum* et *quaesitorem sapiencie.* Sed non est, patres optimi, cecis luminibus pertranseundum, quod *Firmianus Lactancius in 3º libro de falsa sapiencia*[2]) de veteribus atque modernis philosophis scripsit dicens *philosophiam honeste viuendi fore scienciam,* operibus tamen longe a tali distinccione philosophi degenerant. *Nam*[3]) *si quis mores philosophorum diligenter inquirat, invenerit iracundos, cupidos, libidinosos, arrogantes, proteruos et sub obtentu sapiencie vicia celantes, cum domi faciunt ea, quae in scolis arguissent. Mencior fortasse accusandi gracia. Nonne Tullius*[4]) *fatetur* in Tusculanis quaestionibus dicens: *Quotusquisque philosophorum invenitur, qui sit* morigeratus, *ita animo et vita constitutus, vt racio postulat, qui disciplinam non ostentacionem sciencie, sed legem vite putet, qui obtemperet sibi et decretis pareat suis? videre licet alios tanta leuitate et iactacione, ut* foret *his non didicisse melius, alios pecunie cupidos, alios glorie, multos libidinum seruos, ut cum eorum vita mirabiliter pugnat oracio. Bonos*[5]) *enim prius facere oportet quam inclusos in angulo facienda praecipere, quae nec ipsi quidem faciunt, quod loquuntur. Et* quando *se a veris actibus remouerunt, apparet eos exercende lingue causa uel* vacandi *gracia istam artem philosophie* repetisse. *Qui autem docent tantum nec faciunt, ipsis praeceptis suis detrahunt pondus. Quis obtemperet, cum ipsi praeceptores doceant non obtemperare. Bonum est autem recta et honesta praecipere, sed nisi facias, mendacium est et est incongruum atque ineptum non in pectore, sed in labiis habere bonitatem.* Ne tamen, colendissimi patres, oblitu ad metam tendere longe exspacier, revertar, vnde digressus sum, et philosophiam, quam dominus noster inceptor ab ineunte etate coluit, extollamus et eius laudibus, ut dignum est, amplius eciam atque eciam incumbamus. Quam philosophiam dominus noster inceptor totis neruis atque congestis singulis viribus summo cum desiderio sibi sponsam ducere affectauit. Praesertim cum *constat hominem non ad stulticiam, sed ad sapienciam nasci,* ut *Lactancius libro 3º* pulcre pertractat *de falsa sapiencia.*[6]) Ita fit, ut, qui sapienciam complexi virtute animi ac doctrina proficiunt, eos dignos esse, quos et homines et sapientes homines tum habere tum eciam appellare debeamus. Homo namque natura *prouidum*[7]) est *animal, sagax, acutum,* sollers, *memor, racionis, consilii,* prudencie, cognicionis particeps virtutis ac discipline capax, *praeclara quadam cognicione a* summo ac praepotente *deo generatum.* Hoc praecipuum est et peculiare conditoris officium, quod et *ad ymaginem suam et similitudinem finxit,* ut dicitur *in Canone princeps de penitenciis dist. II.*[8]) et *in canone haec ymago 34. q. 5.*[9]) quod eleganti metro *Ouidius Naso in primo libro metamorphosium*[10]) testatus est. Qui post enarracionem creacionis ceterorum animalium ab origine mundi genitorum de produccione hominis sic loquitur:

Sanccius his animal mentisque capacius alte
Derat adhuc, et quod dominari in cetera posset.
Natus homo est: sive hunc diuino semine fecit
Ille opifex rerum, mundi melioris origo,
Siue recens tellus seductaque nuper ab alto
Aethere cognati retinebat semina celi.

Hoc suavissimo eloquio Firmianus Lactancius non immerito quidem ad partes huius commendaticie oracionis sepius vocandus *in capite libri 2ⁱ de erroris origine*[11]) lacius

---

1) Lact. div. inst. III 2, 6. 2) Lact. div. inst. III 15, 1. 3) Lact. div. inst. III 15, 8. 4) [Cic. Tusc. II 4, 11.] 5) Lact. III 16, 3. 6) Lact. div. inst. III 16, 11. 7) Lact. div. inst. II 11, 16. 8) c. 32. D. II. de poen. 9) c. 13. C. XXXIII. q. 5. 10) Ov. med. I 76—81. 11) Lact. div. inst. II 1, 15.

exponit sub his verbis: *Parens enim noster ille vnus ac solus cum fingeret hominem animal intelligens et racionis capax, eum vero ex humo subleuatum ad contemplacionem sui artificis erexit, quod optime ingeniosus poeta insinuauit,* puta Naso in primo Metamorphoseon[1]):

Pronaque cum spectent animalia cetera terram,
Os homini sublime dedit celumque videre
Iussit et erectos ad sidera tollere vultus.

Hunc itaque hominem antropum greci appellauerunt, quod sursum spectat. Ipsi ergo sibi renunciant seque hominum nomini abdicant, qui non sursum aspiciunt, sed deorsum. Spectare nos celum deus voluit non frustra. Nam et aues et ex mutis pene omnia celum vident, sed nobis proprie datum est celum rigidis et stantibus intueri, ut religionem ibi quaeramus, ut deum, cuius illa sedes est, quem *oculis,* quia *non possumus animo contemplemur.* Idipsum *Seuerinus Boethius*[2]) philosophice consolacionis assertor, pulcre atque stilo praesciso *per metrum quintum quinti* deducit. *Quam variis terras animalia permeant figuris. Namque alia extento sunt corpore pulueremque* ferrunt *Continuumque trahunt vi pectoris insita sulcum. Sunt quibus alarum leuitas vaga verberetque ventos Et liquido longi spacia etheris* euocant *volatu. Parva cum horum facies ebetes* facit *ingrauare sensus,* sed *vnica gens hominum celsum leuat altius cacumen Atque leuis recto stat corpore, despicit terras* etc. Quem contemplatorem mundi, celestis vite atque altissime diuinitatis ymitatorem genitum fuisse non dubitamus. Quibus in rebus excellenter eos admiramur, suscipimus eos summa obseruancia, amplissimis honoribus prosequimur eosque sapientes et philosophos nominamus. Quod et dominus noster inceptor animaduertens sapientiumque consorcio cupiens associari, de eo thematice dictum est: *Dignus est, ut philosophus vocetur.*

Sed nemo, mihi credite, praestantissimi patres, aut vllam rerum scienciam consequi aut ullum virtutis munus obire recte possit, cum a philosophia discesserit. Ad hanc igitur, domine licenciate, vobis *confugiendum*[3]) est, in huius sinum vos conferre debetis, *ab ea opem* atque auxilium *petere,* hanc optare vobis *ducem vite,* quoniam ipsa sola potest recto calle ad ipsum vos beatitudinis calcem perducere. Est enim philosophia *magistra* vite, bonorum omnium mater, parens quidem ac procreatrix omnium laudatarum arcium, racionalis anime lux, sine qua vita hominum versatur in tenebris, cuius dulcedine allectus *Plato*[4]), vir diuini ingenii *vno et octuagesimo scribens* philosophie impendens operam *mortuus est. Isocrates* quoque summus philosophus et cunctarum bonarum disciplinarum magister huius philosophie suauitate captus in ea omnem sue vite etatem contriuit. Qui nonagesimo septimo anno in sudore atque studio mortem obiit. *Cuius magister Leontinus centum et septem compleuit annos nec vnquam in philosophie studio atque opera cessauit.* Quid *Ennium* summum oratorem et philosophum referam? Quid Quintilianum preciosissimum philosophum? Quid familiarem nostrum Aristotelem, qui tantam palmam et gloriam ex philosophie studio sibi conquaesivit, vt et philosophus et summus philosophus haud absurde appelletur. *Valerius Maximus* egregius ille orator scribens dissuasoriam epistolam *ad* amicum suum *Ruffinum*[5]) in calce eiusdem sic eum allo quitur: *Amice, quid nobis* erit neglecta diuina pagina atque philosophia? Cuius finis veritas *est et illuminacio, lucerna pedibus et lumen semitis ad vitam eternam. Vtinam hanc eligas, vt hanc legas, vt hanc introducas in cubiculum tuum. Hanc dudum floribus tui veris subornasti, haec in aetate tua expectat, vt facias vuas, huius in iniuriam non ducas aliam, ne faciens in tempore vindemie labruscas* inveniaris. *Nolo te sponsum Veneris fieri, sed Palladis. Hec sponsa te induet monilibus preciosis et ornabit, hec te induet veste nupciali. He nupcie gloriabuntur Apolline para-*

1) Ov. met. I 84—86. 2) Boet. phil. cons. V 5. 3) Cic. Tusc. V 2, 5. 4) Cic. Cat. mai. 5, 13. 5) Val. ad Ruf. (Hier. op. XI MPL 336 CD).

nimpho. Hec est illa philosophia, quae nobis in inicio *vrbes peperit*[1]), dispansum genus hominum conciliauit, ad *vite societatem*, ad ciuilem vsum *conuocauit*, ad *leges*, ad *mores*, ad *disciplinam* compulit. Hec nos ad pietatem, ad dei cultum instituit, ad iusticiam atque ad omnis virtutis laudem erudiuit. Hec ignorancie calliginem abstulit, eripuit menti tenebras, clarissimam veritatis lucem attulit. Hec res summas abstrusas difficultatibus atque abditissimas illustrauit. Hec supera omnia atque infera docuit, prima, ultima, media monstrauit. Huius munere illa nobis patefacta est *a summo deo*[2]) *ad usque ultimam rerum* surdam *mutuis* et legittimis *vinculis et nusquam* incompta *connexio*. Illa, inquam, *Homeri* praecipui vatis *auream cathenam, quam pendere de celo* ad ymas *terras deus iussit*, prodit. Hec est illa philosophia, quae 4^or^ elementorum seriem, horum leuitatem atque ponderositatem humanis manifestauit mentibus, quorum terra in medio mundi posita atque equis librata ponderibus, quo facilius circa eam volubilis rotat vniuersitas, stabilem firmitatem obtinet. Hec est illa philosophia, quae homines reddit sapientes, qui ut *eruditissimi* aiunt *viri*, soli sunt liberi. *Omnes* enim *sapientes liberos esse, omnes* vero *stultos seruos* eloquencie pater *Tullius in eo libro, quem paradoxicum*[3]) intitulauit, contendit. *Quid enim est libertas* nisi *potestas viuendi*, ut velit. *Quis igitur viuit, ut vult, nisi recta qui* sequitur, *quit gaudet officio, cui viuendi via considerata atque prouisa est, qui legibus quidem non propter metum paret, sed eas sequitur atque colit, qui nichil dicit, nichil facit, nichil cogitat nisi libenter ac libere? cuius consilia omnia resque omnes, quas egerit, ab ipso proficiscuntur eodemque referuntur? Nec est ulla res, quae plus apud eum polleat quam ipsius voluntas et iudicium, cui quidem eciam quae vim maximam habere dicitur, fortuna ipsa cedit*. Sic enim *sapiens poeta*, hoc est Therencius, in Formione[4]) *dicit: Suis quisque fungitur moribus. Solo igitur hoc contingit sapienti, vt nihil faciat inuitus, nihil dolens, nihil coactus*. Quam philosophiam summa emulacione sequens dominus noster inceptor et vigilantibus luminibus cordis omni opera et studio philosophie fonti adhesit. Ex quo tantum hausit, vt philosophie praeceptis ad plenum perceptis iam insignibus magistralibus veniat adornandus, vt in numerum non solum sapientium et liberorum, sed ymmo collegio praeclarissimorum philosophorum asscribi meruit, vnde et laus sua eterna et gloria nominis sui immortalis celebrabitur. Condigne ergo de eo verba thematis sunt assumpta: *Dignus est, vt philosophus vocetur*. Que fuerunt verba in principio huius collacionis assumpta et exiliter, ut audistis introducta.

In quibus verbis pro domini nostri inceptoris speciali laude atque praeconio duo innuuntur. Primo tangitur domini nostri inceptoris matura et commendabilis conuersacio, qua se moribus ac virtutibus exornauit, in hoc, quod praemittitur: *Dignus est*. Magna nempe discipline pars est bona conuersacio, quae tametsi iuxta *Alanum in de planctu*[5]) in multis videatur consistere, vt videlicet *in verbis* sit *circumcisio, in factis circumspeccio, in habitu mediocritas, in gestu* suauitas, *in cibis refrenacio*, in *potu castigacio* in ceterisque debita proporcio, principaliter tamen in duobus videtur consistere, vt scilicet conuersari volentibus iusta et sancta consciencia sit quoad se, virtutisque operacio quoad alios. Non enim bene conuersatur peccati sibi conscius. Qui namque sceleris sibi conscii sunt, penas nullo momento praetereunt, *quos* semper *diri* consciencia *facti Mens habet attonitos et surdo verbere cedit Occulto quaciente animo tortore flagellum*, inquit *Iuuenalis*.[6])

Quod noster dominus licenciatus considerans animum suum bonis moribus et virtutibus adornauit perpendens dictum *Salustii* canine facundie viri *in libro de bello Iugurte*[7]) sic inquientis: *Michi, qui omnem etatem in optimis artibus egi, bene facere*

---

1) Cic. Tusc. V 2, 5. 2) Macr. somn. Scip. I 14, 15. 3) Cic. par. Stoic. V 1, 34. 4) [= Ter. Phor. II 4, 14] 5) Alan. de planct. nat. (MPL 474 A). 6) Iuv. sat. XIII 193—195. 7) Sall. bell. Iug. 85, 9.

iam ex consuetudine in naturam vertit. Non[1]) *possum fidei causa ymagines neque triumphos aut consulatus maiorum meorum ostentare. At si res postulet, exercitum, hastam, vexillum, phalleras et alia militaria dona, praeterea cicatrices in aduerso corpore, hec sunt mee ymagines, haec nobilitas mea, non hereditate relicta*, sed quam *ego meis laboribus*, virtutibus *et* pluribus *periculis* conquaesiui. *Nam*[2]) *ex parente meo ita accepi. Mundicias mulieribus laborem viris convenire omnibusque bonis oportere plus glorie quam diuiciarum* et longe pluris est aliquem sapientem et prudentem fore quam carne nobilem.

2⁰ ostenditur domini nostri licenciati philosophica et subtilis contemplacio, qua pro magistrali laurea gloriose agonisauit. Ipse namque philosophie secreta perscrutatus est nunc ex causis effectuum naturas nunc ab effectibus causarum dignitatem inquirendo. *Quicunque* enim, inquit *Hugo in didascalicon*[3]), *ad scienciam cupit pertingere, si relicta* philosophica *veritate reliquis se implicare voluerit, materiam laboris plurimam* inveniet *et exiguum fructum. Quapropter mihi in primis videtur operam artibus dandam esse, quae fundamenta sunt omnium* Hos itaque vehementer *errare*[4]) et insanire comprobo, qui relictis artibus *quasdam sibi* sciencias *delegunt, in* quibus *se posse perfectos fieri putant.* Haec ille. Quod perpendens dominus noster licenciatus iam insignibus magistralibus decorandus hac tempestate nostra[4a]), qua totus orbis in auariciam grassatur, qua omne humanum genus cupidine indomiti census immersum est. Non auaricie, quae *pecunie studium habet, quam nemo sapiens concupiuit* teste *Salustio in Catilinario*[5]), non ambicioni, quae virtutis specie grassata virtus non est, non luxui, qui *mentis morbus*[6]) est et *forcia frangens pectora*, non lucratiuis artibus, quae in dispendium anime sepe vergunt, sed continencie vel modestie humilitati aliisque virtuosis actibus studuit factusque est praeclarissime philosophie nobilis amator. Quem et tironem gloriosissime bellantem contra omnia vicia philosophia sibi delegit, vt ergo in eadem lauream, pro qua iam longo tempore militauit, [surgat] magisteriumque in philosophia recipiat, Ipso verbo venerabilis *Boethii in 3° de consolacione met° sexto*[7]), scilicet surgatis in altum, ad kathedram vero magistralem.

Ascendatis, inquam, primo, si corona magistralis honoris digne cupitis laureari, ad altam naturalis speculacionis profunditatem, ingenium vestrum in naturis rerum exercendo, ascendatis praeterea ad alciorem moralis edificacionis fecunditatem vitam vestram virtuosis actibus decorando, postremo ascendatis ad altissimam metaphisicalis speculacionis sublimitatem ingenium vestrum in speculacione primi entis et substanciarum separatarum, in qua humana consistit felicitas, iugiter occupando, ascendatis demum insignia magistralia vobis in praesenciarum per me conferenda cum omni humilitate et decencia assumendo.

Ad quod exequendum confero vobis primo birretum de lana ouium contextum mitra doctorum et magistrorum caput vestrum coronando, ut alios autoritatiue antecedatis. Est enim birretum tegumentum capitis simplex sine plica, ruga et rectum. Ita et vos opere simplex et doctrina rectus esse debetis, nihil sine racione praeuia defendendo aut docendo.

2⁰ trado vobis annulum aureum, quo praeclarissime philosophie sciatis vos esse desponsatum, sicut enim per annuli aurei subartacionem inter sponsum et sponsam fidelitas designatur, ita et vos fidelis esse debetis ea, quae in philosophia facienda fore didicistis, fideliter operibus adimplendo. Et imposui annulum ad digitum 4^{tum}, in quo vena cordis dicitur consistere, in signum, ut cordis puritatem corporisque mundiciam diligatis corde et corpore pure viuendo.

3⁰ trado vobis librum, et primo clausum, vt scilicet autenticam magistrorum

---

1) c. 85, 29. 2) c. 85, 40. 3) Hugo did. III 4 (MPL 176 769 A). 4) Hugo did. III 5. 4a) S. 34 Z. 23. 5) Sall. Cat. c. 11, 3. 6) Galt. Alex. I 165. 7) Boet. phil. cons. III 6 m.

philosophorumque doctrinam pro tempore et loco in clauso cordis armario recondatis nullis philosophie discolis reserando, philosophie detractoribus aut ingratis vtque non semper inventis vtamini, sed et inveniendis.

4to trado vobis librum apertum vt non nimium et indebite temeraria praesumpcione tumescendo de proprio ingenio confidatis, sed in dubiis ad maiorum et famosorum scripta confugiatas, intelligenciam vestram, ne vacillet, muniendo. In signum eciam illius, vt occulta philosophie discipulis beniuolis pro vtilitate discere volentibus pandatis et in publico philosophicam veritatem doceatis ad laudem illius, qui est in secula benedictus. Ad cuius gloriam sempiternam sancteque matris ecclesie honorem et profectum necnon nostre alme vniuersitatis et specialter facultatis arcium incrementum ego autoritate supradicte nostre vniuersitatis et facultatis arcium, qua fungor in hac parte, vos viue vocis oraculo creo et pronuncio in artibus liberalibus et in tota philosophia magistrum dans et concedens vobis autoritatem legendi, disputandi ceterosque actus hunc gradum concernentes exercendi hic et vbique locorum

In nomine patris et filii et spiritus sancti Amen.

Vt autem finis correspondeat principio et ut sic habeatur horum ne fugiatur onus, Responde, magister nouelle pro honore vestro, Assumatis onus incipiendi primam leccionem magistralem et incipiatis.

Quantum ad 3^m et ultimum, restat referre graciarum acciones. Refero igitur in primis grates deo glorioso creatori et redemptori nostro, intemerate virgini Marie totique curie celesti, Quorum laudes ad plenum humana imbecillitas nequit promulgare teste sacratissimo *Iustiniano* principe in l. j. c. de officio praefecti pretorio africae[1]) sic inquientis *Quas gracias aut quas laudes domino deo nostro ihesu Christo et sanctis suis exhibere debeamus, nec mens nostra potest concipere nec lingua proferre.*

Deinde ad inferiora descendens regracior commendabilibus viris et dominis sacre theologie ac medicine doctoribus dominis et fautoribus meis praecipuis, deinde venerabili viro facultatis arcium decano bene merito omnibusque magistris baccalariis et suppositis, qui sua personali praesencia dignati sunt praesentem actum decorare facultatemque arcium in persona nouelli magistri et mea honorare, offerens nouellum magistrum et me ad quaeuis eorum consilia beneplacita pariter atque maiora.

Überreichung der Insignien der Magisterwürde.

Handschrift Nr. 1236 Bl. 206^b—207^a.

Vt hoc igitur praemium honoris, quod propraesenti erit dignitas magistralis, possidere valeatis, Ego insignia magistralia vobis trado, et primo *birretum*, quod sine rugis et plicis tegumentum est simplicitatis, et per hoc virtuosam humilitatem vobis iniungo. Magister namque, qualis vos statim eritis, debet esse humilis et benignus, ut dicit venerabilis *boccius* de *scolarium disciplina.*[2]) Et praecipue debet esse humilis in docendo. Nam habet hoc proprium doctrina arrogancium, vt *humiliter* nesciant proferre, quae docent, et *quae* recte *sapiunt, recte monstrare non possint.* Humilis igitur esse debetis et hac virtuosa humilitate, quae sicut et quaelibet alia virtus *in medio consistit 2° ethicorum.*[3]) Nam nimis humilis esse non debetis, quia talis viciosa est Et humilitas azinina racionaliter potest nunccupari. De tali humilitate cum nimium seruatur, humilitas regendi frangitur anceps. Et *palpanista dicit*[4]): *Qui vult esse nimis humilis, calcatur in ymis.* Cui consonat poeta[5]): *Qui nimis est humilis, hic pro stulto reputetur.* Nec eciam humilis debetis esse humilitate, de qua dicitur: Qui nequiter se humiliat, quia talis eciam viciosa est. 2^0 manui vestre *annulum* aureum appono. Per hoc laborem et exercicium continuum in vobis praefi-

1) Codex Iustin. I 77 (= C. I. C. II 77). 2) Boet. de disc. schol. VI (M 641 235 C). 3) Arist. eth. II 2 1104a 33. 4) versus? 5) Facetus I 30.

guro, annus namque [ad] opus et laborem aptus factus? Et annulus cum non habet principium nec finem, interminacionem praefigurat. Labor enim et *exercicia virtutem saluant 2º ethicorum.*[1]) Et ut in pluribus sanitatem efficiunt, *primo rethoricorum*[2]) et non solum propter vestram vtilitatem et corporis sanitatem vos exponere debetis, Sed eciam propter vtilitatem aliorum. Nam ut dicit *tulius Ci. suo tercio de officiis*[3]) *magis est secundum naturam pro omnibus gentibus, si fieri potest, conseruandis maximos labores suscipere quam in* sollicitudine *viuere non solum sine vllis molestiis, Sed eciam* voluptatum et omnium rerum delectabilium corporis gaudere et in arte, quam iam didicistis, vos praecipue debetis exercere. Nam ut dicit idem *tulius* libro suo *de tusculanis quaestionibus*[4]), *grecorum prouerbium* est, quod *quisque* in arte, *quam nouit, se exerceat.* Et hoc ne propter continuam discontinuacionem obliuionem incurratis, prouerbialiter enim dicitur: *continuata vigent pereunt discontinuata.*[5]) 3º vobis trado *librum clausum*, ut non in omnibus docendis libris inhereatis nec semper tam difficilia doceatis, ut necessario habeatis recursum ad librorum adminicula, Sed vos ipsum et verba secundum capacitatem et ingenia audiencium coaptetis. Qui nam ea docet, quae ab auditoribus intelligi non valeant, non eorum vtilitatem, sed sui ipsius querit ostentacionem. Eciam *clausum* librum vobis trado, ut non semper inventis vtamini, Sed eciam ex vestri ingenii perspicacitate inveniendis. Nam *miserrimi ingenii est semper vti inventis et nunquam inveniendis,* vt dicit venerabilis *boecius in li. suo de scolarium disciplina*[6]) et *pharro* in *suis sentenciis*[7]) dicit *illum tibi eruditorem elige, quem magis in suis quam alienis* videris refulgere. Cuius racioni subiungit: *nihil magnificum docebit, qui nihil didicit.* Quarto offero vobis *librum apertum*, ut non nimiam de proprio ingenio confiduciam habeatis, sed fiducialius in ambiguis credatis approbate auctoritati quam proprie mentis temeritati, et *apertum* in signum istius ut docenda per vos aliis pateant et vera innotescant, ut post hoc cum omnibus nobis ad veritatem perveniant sempiternam. Ad cuius honorem et gloriam traditis vobis insignibus magistralibus vos magistrum in philosophia pronunccio, dans et concedens vobis auctoritate, qua fungor in hac parte, auctoritatem legendi et disputandi ceterosque actus hunc gradum concernentes exercendi hic et vbique locorum in nomine p. et f. et xsp. amen.

Principium M. Stephani de prettin in cursum.

Handschrift Nr. 865 Bl. 231ª—235ª.

In nomine patris et filii et spiritus sancti Mᵗ vlt.[8]) Reuerendi patres, Magistri ac domini praestantissimi, Inspectis et pensatis intra me, quod deus *omnia in numero, mensura et pondere disposuit Sap. 11º.*[9]) Et quod *nichil est inordinatum in natura octauo physicorum*[10]) nisi quod est praeter naturam *2º celi*[11]), Quare pro praesenti actu tria sunt per me facienda, vt videlicet numero ternario, qui numerus perfectus est secundum aritmetricos, actum praesentem perficiam eo, quod *omne totum et perfectum super tria ponimus, primo celi.*[12]) Primo igitur diuini nominis invocacio est praemittenda, vtinam reuerenter, 2º ipsius sacre theologie recommendacio est subiungenda, vtinam decenter, 3º et vltimo graciarum accio est referenda, vtinam sufficienter. Ad primum me allicit dictum *Cassiodori in quadam epistola*[13]) sic inquientis: *Satis vacillat humanum studium, vbi non queritur diuinum auxilium.* A 2º quanquam me retrahit, quod ipsa sacra scriptura *maior est omni laude ecclesi. 43º*[14]), Ad oppositum tamen scilicet ad ipsius laudem me trahit dictum prophete dicentis:

1) Arist. eth. II 2 1104a 18. 2) Arist. rhet. I 6 1362a 33. 3) Cic. off. III 5, 25. 4) Cic. Tusc. disp. I 18, 41. 5) proverbium? 6) Boet. de schol. disc. V (M 64 1234a). 7) (Varro) sent. 55; 67 (P. Germann 1910, S. 31). 8) Matth. 28, 19. 9) Sap. 11, 21. 10) Arist. phys. VIII 1 252a 11. 11) Arist. de cael. III 2 301a 4. 12) Arist. de cael. I 1 268a 11 13) Cass. epist.? 14) Eccli. 43, 33

Annunciate de die in diem salutare eius ps. 95°.[1]) Ad 3^m me compellit dictum *bernhardi*[2]) devoti super cantica dicentis: *Ingratitudo inimica est anime, exinanicio meritorum, virtutum dispersio, beneficiorum perdicio, ventus vrens, fontem siccans diuine pietatis.*

Quantum ad primum ergo, quamuis intellectus humanus ex instinctu sibi naturaliter indito ad sciencias inclinetur et proinde *omnes homines natura scire desiderant primo metaphysice*[3]), Constat tamen, quod omnes sciencie sive humanitus invente sive diuinitus inspirate decens prolacio atque eiusdem proficua suscepcio tam in proferente quam in audiente quandam ydoneitatem et habilitatem praerequirit, *eo quod actus actiuorum sunt in paciente bene praedisposito 2° de anima.*[4]) Sed quia ad huiusmodi disposicionem ex nobis non sufficimus, cum *non sumus sufficientes cogitare aliquid a nobis quasi ex nobis, sed sufficiencia nostra ex deo est 2° cor. 3.*[5]) Nam secundum *autorem de causis*[6]) prima causa plus influit in effectum quam causa secundaria. Et in causis essencialiter ordinatis 2^a non causat nisi prima concausante teste philosopho *2° metaphysice.*[7]) Idcirco hec causa, videlicet deus gloriosus, a quolibet nostrum suppliciter est imploranda, laudanda ac totis viribus extollenda, quatenus in nostris operibus concausando sue bonitatis influxum nobis impartiri dignetur, quia sine ea secundum sentenciam venerabilis *Bohecij*[8]) *nullum vite fundatur exordium.* Sed quomodo ego, qui sum abhominabilis et homo hew invtilis, qui bibo *quasi aquas iniquitatem iob 15.*[9]) deum placare debeo? Insuper eciam quo subnixus fulcimento domine et regine scienciarum, videlicet sacratissime theologie celsitudinem, profunditatem ac difficultatem aliquatenus laudando propalabo, cum *non sim propheta neque filius prophete, sed armentarius Amos vij°?*[10]) aut quae domus patris mei *1. R. 18.*[11]), ut audeam ad sacratissime theologie atrium declinare, inibi dei magnalia pronuncciando, *cum incircumcisis labiis sim exodi vj°?*[12]) Et *ecce nescio loqui, quia puer ego sum Ier. primo*[13]), puer vtique si non annorum etate, tamen sciencie paruitate et puer exercicio morum, qui non differt a puero annorum teste philosopho *primo ethicorum*[14]) dicente: *nichil differt etate puer et moribus puerilis.* Quid igitur *adiciam super omnem laudem* eius scilicet scripture *ps. 70.*[15]) penitus ignoro, cum *inenarrabilia sunt verba* eius *sap. 17.*[16]) Et maxime, quia *in populo graui laudabo* eam *ps.° 34.*[17]) et coram viris, quibus deus dedit *cor sapiens et intelligens, ut ante non erant similes 3 R. 3.°*[18]), qui sciunt *omnia iudicare et a nemine iudicantur 1. cor. 2.°*[19]) et qui sciunt *omni poscenti racionem reddere de ea, quae in eis est fide 1. pe. 3.*[20]) Recurro igitur ad eum, a quo *omne datum optimum et omne donum perfectum Jacobi j°.*[21]) Qui est consummacio et virtus, a quo nisi quis impetret sapienciam, *perit propter suam insipienciam Baruch 3°*[22]), et non inmerito ab ipso summo deo sapiencia est postulanda, cum anima hominis sit *tanquam tabula* rasa, *in qua nichil est depictum,* sed possibilis depingi scienciis et virtutibus *3° de anima*[23]), quae ex prima praeuaricacione fuit grauiter spoliata et in naturalibus vulnerata *luce I°. de pe. d. 2ª N. adam.*[24]) Ideo ut ipsa reformetur scienciis et virtutibus, necesse postulatur per hominem, qui *ad ipsius ymaginem est creatus gen. primo*[24a]); spiritum igitur, qui animam sic illustrat, humiliter peto, vt per suam magnam misericordiam tribuat michi graciam incipiendi, continuandi et perficiendi hunc actum, cum ipse *opus inperfectum non novit,* nam *dei perfecta sunt opera deuter. 32.*[25]) *extra de baptimo maiores.*[26]) Gracia enim sua cuilibet est neces-

---

1) Ps. 95, 2. 2) Bernh. sup. cant. (MPL 183 1027) = Thomas Hibernicus manipulus flor. fol. 127b ed. Venet. 3) Arist. met. I 1 980a 23. 4) Arist. de an. II 2 414a 11. 5) 2. Cor. 3, 5. 6) Auctor de causis? 7) Arist. met. II? 8) Boet. phil. cons. III 9. 9) Hiob 15, 16. 10) Am. 7, 14. 11) 1. Sam. 18, 2. 12) Ex. 6, 12. 13) Jer. 1, 6. 14) Arist. eth. I 1 1095a 6. 15) Ps. 71, 14. 16) Sap. 17, 1. 17) Ps. 35, 18. 18) 1. Kön. 3, 12. 19) 1. Cor. 2, 15. 20) 1. Pe. 3, 15. 21) Jac. 1, 17. 22) Bar. 3, 28. 23) Arist. de an. III 4 430a 1. 24) c. 38 D. II qu. 3 de pen. 24a) Gen. 1, 27. 25) Deut. 32, 4. 26) Decr. Greg. IX, III tit. 42 c. 3.

saria, cum secundum b. *Augustinum*[1]) *non valet bonum esse, quod fit absque deo, vbi enim deest agnicio eterne et incommutabilis veritatis, falsa est virtus eciam in optimis moribus xxviij. q. 1. ex hijs.*[1]) Dicam igitur cum regina hester: *tribue, domine, sermonem compositum in ore meo hester ix.*[2]) *Quia in te confidit anima mea ps. 56°.*[3]) Dicam insuper ei: *Domine,* pater celi et terre, *si tu es, iube me venire ad te M*[t] *ix.*[4]) vel saltem *veniat ad te oracio mea ione 2°.*[5]) Huius igitur rei gracia flecto genua mea ad patrem domini nostri ihesu christi, a quo omnis paternitas in celo et in terra nominatur, ut det mihi *secundum diuicias glorie sue virtutem corroborari per spiritum eius* ad *eph. 3°.*[6]) *patrem,* inquam, *misericordiarum et deum tocius consolacionis 2° chor. primo*[7]), qui *gratificauit nos in dilecto filio suo ad eph. 1°.*[8]) Quem *misit* in mundum *factum ex muliere, factum sub lege, ut eos, qui sub lege erant, redimeret ad gall. 4°.*[9]) ut det *mihi sedium* suarum *assistricem sapienciam,* ut mecum sit et mecum laboret, ut sciam, quid acceptum sit aput eum omni tempore *Sap. 9.°*[10]) Sequarque perhumiliter doctrinam sancti thobie suo filio ita loquentis: *Omni tempore benedic dominum et pete ab eo, ut vias tuas dirigat,* videlicet in principio, medio et in fine *tob. 4.°*[11]) Efflagito igitur cum propheta humiliter dicendo: *domine, labia mea aperies ps. 50.*[12]) Et iterum *repleatur os meum laude, ut cantem gloriam tuam ps. 70.*[13]) Te invoco, domine, verum, qui *docuisti me a iuuentute mea usque nunc, deus, usque in seneciam et senium ne derelinquas me ps. 70.*[14]) Et merito inuocacio diuini nominis est facienda, quia sine eo nichil validum, nichil sanctum, nichilque perfectum dicente venerabili *boecio. Invocandum, inquam, rerum omnium patrem, quo praetermisso nullum vite fundatur exordium 3° de conso. prosa. 9.*[15]) Cui consonat illud *metriste*[16]): *Omnibus in factis peragendis siue peractis Dei propositum deus humane racioni.* Ego autem attendens, quod *non est speciosa laus in ore peccatorum ecclesi. 15.*[17]) Cogor quodammodo et fideliter instruor ante omnia dicere cum ps. omnes *iniquitates meas dele ps. 50.*[18]) *Cor mundum crea in me, deus, et spiritum rectum innoua in visceribus meis ibidem.* Vt igitur praesens huic operi sit gracia pneumatis almi, dicam cum psalmista *emitte spiritum tuum, et creabuntur ps. C 3°.*[19]) Et verum illud dicam: *Deus, in adiutorium meum intende, domine, ad iuuandum me festina ps. 69.*[20]) Et ipse miseritus mei mox respondebit mihi: *Aperi os tuum, et implebo illud ps. 80.*[21]) Et tantum de diuini nominis invocacione. Et hoc quo ad primum.

Sed quoad 2[m] sic dicit venerabilis *Richardus* libro *de minori contemplacione capitulo primo*[22]): *Si in laudem sapiencie* i. e. theologie *aliquid attemptare voluero, minus erit, quantumcunque dixero, quid enim sapiencia ardencius diligitur,* quid *dulcius possidetur? Eius omnem pulchritudinem decor superat; eius dulcor omnem excedit suauitatem. Est enim,* ut idem ait, *speciosior sole et super omnem disposicionem stellarum: luci comparata invenitur prior.* Hec ille, et venerabilis *Hugo in libro de archa noe*[23]) sic inquit: Sacra scriptura est *liber vite, cuius origo eterna, cuius essencia incorruptibilis, cuius aspectus desiderabilis, cuius doctrina facilis, cuius sciencia dulcis, cuius profunditas inperscrutabilis, cuius verba innumerabilia, vnum tamen verbum omnia.* Hec ille. Est insuper sacra scriptura scriptura lucis et splendoris, scriptura gaudii et amoris, scriptura suauitatis et dulcoris, In qua intellectus illustratur, affectus depuratur et effectus decoratur, quod singulari modo et superexcellenti aspectu sancto nobis manifestata, quia nec ab angelis edita nec ab hominibus inventa, sed spiritu sancto inspirante est conscripta. *Non enim voluntate humana allata est prophecia,*

1) Aug. = c. 14 D. CXXVIII qu. 1. 2) Esth. 14, 13. 3) Ps. 57, 2. 4) Matth. 14, 28. 5) Jon. 2, 8. 6) Eph. 3, 16. 7) 2. Cor. 1, 3. 8) Eph. 1, 6. 9) Gal. 4, 4. 5. 10) Sap. 9, 4. 11) Tob. 4, 20. 12) Ps. 51, 17. 13) Ps. 71, 8. 14) Ps. 71, 17. 18. 15) Boet. phil. cons. III 9 pr. 16) metrista? 17) Eccli. 15, 9. 18) Ps. 51, 3. 12. 19) Ps. 104, 30. 20) Ps. 70, 2. 21) Ps. 81, 11. 22) Rich. Benj. min. et M 196 113. 23) Hugo de arc. Noe II c. 11 (MPL 176 643c) = Thom. Hib. man. flor. Script. bh.

sed spiritu sancto inspirati locuti sunt sancti dei homines 2. pe. 1°.[1]) Idcirco per ea, quae in sacra scriptura traduntur, prae cunctis ceteris scienciis excellenciori gracia illuminamur ad beneplacita diuina cognoscendum, roboramur ad eadem iam cognita perficiendum Et inflammamur ad ea perfecta complacenter diligendum. Propter primum ait propheta: *lucerna pedibus meis verbum tuum et lumen semitis meis ps. C 18.*[2]) Propter 2^m dicit ibidem: *Confirma me in verbis tuis.* Propter efficaciam 3^{ii} dicitur ibidem.[3]) *Ignitum eloquium tuum vehementer.* Qua propter recommendaturus sacrosanctam scripturam, ipsam videlicet theologiam, omnium scienciarum dominam et reginam, timore vehementi concucior ac viribus propriis omnino destituor, quia pusillus virtute onus importabile humeris meis assumo, dum ipsius laudem nitor depromere eo, quod cuncta turba doctorum in eius laude raucescat. Quid igitur ego tantillus, ymmo virorum infirmus pro ipsius congruo praeconio edisseram, penitus ignoro. Confisus tamen de illius misericordia, qui implet *omne animal benediccione ps. C 44.*[4]) Qui *linguas infancium facit disertas cap. x.°*[5]) Qui aperuit os asine balaam, ut ad laudem nominis sui loqueretur *numeri 22°.*[6]) Qui eciam *dat verbum ewangelizantibus virtute multa ps. 67.°*[7]) Huius quidem suffultus praesidio pro aliquali sacre scripture, utcunque deus dederit, breui praeconio assumo verba Petri apostolorum principis ita dicentis: *Verbum domini manet in eternum prima petri primo.*[8])

Es folgt eine recommendatio sacre scripture, in der das Principium des Hermann von Altdorf (Handschr. Nr. 865 Bl. 1^a—6^b) so stark benutzt ist, daß der fehlende Schluß aus dem letzteren ergänzt werden kann. Die Schlußformeln lauten hier:

Expeditis duobus nunc vadam ad tercium, scilicet ad humilem graciarum accionem. *Gracias* igitur *ago deo meo semper* prime *ad Cor. 1°. ca.°*[9]) Cuius *gracia sum illud, quod sim prime ad Cor. 15. ca.°*[10]) Et eius beate genetrici, perpetue virgini marie, que gracie mater invenit *graciam apud dominum luce 1.° ca.°*[11]) Totique tam triumphanti quam ecclesie militanti, domino rectori praesenti huius alme vniuersitatis studii lipczensis, domino decano facultatis theologie cum singulis suis magistris et suppositis et singularissime domino et magistro meo M. Qui non obstante mea insufficiencia me ad legendum cursum in theologia praesentauit, domino decano facultatis arcium singulisque magistris facultatis eiusdem [verba,] quorum doctrinis ab adolescencia sum educatus, preterea singulis vniuersitatem studii lipczensis in persona mea dignificantibus hunc actum visitando, quibus omnibus et singulis humilem et paruum me offero me seruitorem ec. Gracia igitur domini nostri Ihesu christi sit semper cum omnibus vobis. amen.

Quare beatus Martir *Ciprianus*[12]) nos uolens allicere ad studium sacre theologie et remouere ab aliis inutilibus, ne in eis nimis diu permaneamus, *in quodam sermone* proclamat: *O animo peruersi, corde dissoluti, mente vani, curiositate pleni et studio timidi, cur decepti viam veritatis, doctrinam vite, scienciam dei, sapienciam eternam et legem iusticie et omnes virtutes penitus relinquentes praecipere festinatis et sciencie fabulas poetarum, ficmenta mendacii Sophistica, loycorum cautelas et iurgia iuristarum, questionum diuisiones, numeri secciones, inundaciones nili, terrarum spacia, astrorum motus, celorum altitudinem, capacitates sperarum, generacionem ventorum, influencias syderum et mathematicas tradiciones. Hi namque sermones virtutem non continent, Ad virtutem non ducunt et si mentes subtilitate quadam vanitatis erudiunt animos, tamen non faciunt virtuosos neque replent vera sapiencia mentes. Relinquite igitur sermones, qui non prosunt et ad montem omnium scienciarum i. e. ad sacram scripturam accedite, hec enim est via salutis, lex iusticie, documentum virtutis, insecucio christi, refeccio mentis, cibus anime, pabulum vite, fons pietatis, ver-*

1) 2. Petr. 1, 21. 2) Ps. 119, 105. 3) Ps. 119, 28. Ps. 119, 140. 4) Ps. 145, 16. 5) Sap. 10, 21. 6) Num. 22, 28. 7) Ps, 68, 12. 8) 1. Petr. 1, 25. 9) 1. Cor. 1, 4. 10) 1. Cor. 15, 10. 11) Luc. 1, 30. 12) Cyprianus, serm.?

bum dei, gladius spiritus, lorica fidei, galea salutis, uox celorum, ignis caritatis, aurora spei, fidei columpna, regula morum, norma virtutum, fuga erroris, corona regum, stabilimentum pacis, iusticia principum, conseruacio regni et forma clemencie. Haec ille. Amen.

Principium in sententias.

Principium in primum sententiarum.

Handschrift Nr. 158 Bl. 13ª—16ª. 17ª—19ᵇ.

In nomine sancte et indiuidue trinitatis, patris et filii et spiritus sancti. Amen.

Principiaturus in primum sententiarum iuxta laudabilem praeclare theologice facultatis consuetudinem 4 in hoc actu sum facturus: Primo diuinum auxilium de celo praestandum humiliter implorabo, 2° sanctissimam diuinamque scienciam, videlicet theologiam, primo in generali Et deinde in speciali quoad libros sentenciarum pro posse meo recommendabo, 3° quaestionem determinaturus Et contra magistrorum meorum mecum in sentenciis concurrencium dicta replicabo, 4ᵗᵒ et ultimo pro praesentis actus complecione graciarum acciones reserabo.

Quantum ad primum. Si mentis oculo huius sacre scripture considerauero infallibilem veritatem, inenarrabilem firmitatem ac excellentissimam dignitatem sane reperio. Quia volens recommendare aut studere sacram scripturam primo debet habere speciem decoris vite purioris, qua gracia efficiatur, quia *in maliuolam animam non introibit sapiencia sap. j.*[1]) 2° habere debet virtutem timoris, per quam vis amoris in corde accenditur, quia *inicium sapiencie est timor dominj j.*[2]) 3° talis debet habere verba pauca foris, sicut certis horis cognicio discernitur, quia *in lingua sapiencia agnoscitur eccles. 4ᵗᵒ.*[3]) Et ideo dicitur *ecclesiastici 32.*[4]) *Adolescens, loquere in causa tua vix, cum necesse fuerit, si bis interrogatus fueris, habeat caput responsum tuum. In multis esto quasi inscius, audi tacens simul et quaerens. Et loqui in medio magnatorum non praesumas,* quia *qui moderatur labia sua, prudentissimus est prouerb. 10.*[5]) Sed quia in omnibus istis defectuosum me iudico, Quare cogor dicere: *Stultissimus sum virorum et sapiencia hominum non est mecum, non didici sapienciam nec noui scienciam prouer. 30.*[6]) Ob defectum primi mihi obici potest illud *Johannis 8.*[7]) *quem te ipsum facis? quia homo peccator ego sum luc. v.*[8]) et *altissimus odio habet peccatores ecclesiastici 12.*[9]) Ob carenciam 2ⁱ terreor, quia *iniquitatibus conceptus sum ps. 51.*[10]) *Nam si dixerimus, quoniam peccatum non habemus, nosipsos seducimus et veritas in nobis non est j. Joh. j.*[11]) Sed quia peccatum et caritas, quae radix est omnium bonorum, simul esse non possunt et nisi una radicitus euulsa fuerit, altera plantari non potest. *Sine causa* enim *aliquis conatur ramos incidere, si radicem non contendit euellere de pe. dis. ij.*[12]) verisimile ex praemissis itaque. Sic et in 3° penitus deficio, quia *puer ego sum* et *nescio loqui Jer. j.*[13]) Et *lingua mea adheret faucibus meis ps. 136.*[14]) Nec *est sermo in lingua mea ps. 138.*[15]) Quibus consideratis *confundor ego et erubesco levare faciem meam j. Esdre 9.*[16]) Confisus tamen ex prophetica monicione de diuina clemencia et pietate, quae *prope est omnibus invocantibus* eam *ps. 144.*[17]) quae dicit: *dilata os tuum et implebo illud ps. 80*[18]) Saluatorem meum Jhesum Christum precibus vtinam placitis et deuotis † perattente pulso dicens cum venerabili *Cassiodoro* in libro *de institucione diuinarum literarum*[19]): *Praesta, domine, legentibus profectum, quaerentibus legem tuam remissionem omnium peccatorum, ut, qui desiderio magno ad lumen scripturarum tuarum peruenire cupimus, nullis peccatis caligantibus obscuremur, et trahe nos ad te*

1) Sap. 1, 4. 2) Eccl. 1, 16. 3) Eccl. 4, 29. 4) Eccl. 32, 10—13. 5) Prov. 10, 19. 6) Prov. 30, 2. 7) Joh. 8, 53. 8) Luc. 5, 8. 9) Eccl. 12, 7. 10) Ps. 51, 7. 11) 1. Joh. 1, 8. 12) c. 13. D. II. de poen. 13) Jer. 1, 6. 14) Ps. 137, 6. 15) Ps. 139, 4. 16) 1. Esr. 9, 6. 17) Ps. 145, 18. 18) Ps. 81, 11. 19) Cass. div. lect. c. XXXIII.

virtute omnipotencie tue et *non relinquas sua voluntate vagari, quos precioso sanguine redemisti.* Ego te invoco, posco et exoro, qui es *alpha et o, principium et finis apoc. j.*[1]) *a quo et in quo et per quem sunt omnia Ro. jj.*[2]) ut *praestabilis* sis *super maliciam Johelis 2°.*[3]) Et *parce peccatis meis Iob. 14.*[4]) Et reple *os meum laude, ut cantem gloriam tuam ps. 7.*[5]) Et clamo ad te, patrem misericordiarum, cum *Sedulio in carmine pascali.*[6]) Et cum *Alano* in *Anteclaudiano*[7]) in haec verbo prorumpentes:

Optime, eterne deus, spes vnica mundi,
Qui celi fabricator ades, qui conditor orbis,
Qui solem radiis et lunam cornibus imples,
Inque diem ac noctem lumen metiris vtrisque,
Qui stellas numeras, quarum tu nomina solus,
Signa, potestates, cursus, loca, tempora nosti,
Qui percuntem hominem vetiti dulcedine pomi
Instauras meliore cibo potuque sacrati,
Sanguinis infusum depellis ab angue venenum.
Totum namque lauas vno baptismate mundum.
Pande salutarem paucos quae ducit in urbem
Angusto in calle viam verbique lucernam
Da pedibus lucere meis etc. (Paucis interpositis)
Tu mihi praeradia diuina luce meamque
Plenius irrorans divino nectare mentem
Complue, terge nefas animi tenebrasque rescindens
Discute meque tue lucis splendore serena.
Tu calamum repara purga rubigine linguam.
Da, quaeso, tua verba loqui mutoque loquelam
Praebe, da fontem sicienti, dirige callem
Erranti, Duc, nauta, ratem portumque timenti
Dona celesti perflans mea carbasa vento.

Quare huius rei gracia flecto cordis mei genua ad patrem domini nostri Jhesu Christi, a quo *omne datum optimum et omne donum perfectum desursum est descendens Jaco. j.*[8]) *Qui gratificauit nos in dilecto filio suo ad ephe. j.*[9]) Et qui de plenitudine maiestatis sue implet *omne animal benediccione ps. 144.*[10]) *Ne derelinquas me usque in senectam et senium*, qui *me docuisti a iuuentute mea ps. 70.*[11]) Da mihi *eloquia tua* casta intelligere, loqui et operari, *quoniam inuocatum est nomen tuum super me. Jere. 17.*[12]) Sicque ingrediar in sanctuarium domini, ut annunciem sapienciam et gloriam nominis sui, quod est benedictum in secula seculorum. Et tantum de primo principali.

Quantum autem ad 2um pro recommendacione sacre scripture assumo verba *sapientis* eiusdem *7. c.*[13]) de laude altissime sapiencie prolata ista: *Candor est enim lucis eterne.* Venerabiles professores, doctores, magistri ceterique mihi in domino plurimum venerandi. Ille gloriosus doctor sanctus *Augustinus* in *de laudibus sacre scripture*[14]) ad propositum meum sic loquitur: *Rogo vos, fratres, discite scripturam sacram, quoniam clarior est sole, dulcior melle, forcior vino, balsamo suauior, sublimior auro, candidior argento. Ipsa namque corda illuminat, veritatis lumen ostendit, tenebras ignorancie depellit.* Et ergo dicitur in *Canone sicut 38. dis.*[15]) *Sicut stellas celi non extinguit nox, sic mentes fidelium inherentes firmamento sancte scripture non*

---

1) Apoc. 1, 8. 2) Ro. 11, 36. 3) Joel 2, 13. 4) Hiob. 14, 16. 5) Ps. 71, 8. 6) Sed. carm. pasch. I 60—61. 64—67, 70—72, 78—81. 7) Alan. Anticl. V 5, 55. 8) Jac. 1, 17. 9) Eph. 1, 6. 10) Ps. 145, 16. 11) Ps. 71, 18. 17; Ps. 11, 7. 12) Jer. 15, 16 13) Sap. 7, 26. 14) Aug. serm.? 15) c. 8. D. XXXVIII.

obscurat humana iniquitas. Et quamquam anime sciencie eciam habeant radios et stellas, Non tamen radios rectos, sed fractos, non stellas fixas, sed erraticas, Quia omnes *erraverunt ab utero, locuti sunt falsa ps. 57.*[1]) Et ergo dicitur *Canone Nonne 37. dis.*[2]) *Nonne videtur in vanitate sensus et obscuritate mentis ingredi, qui diebus ac noctibus in dialectica arte torquetur? Et physicus perscrutator oculos trans celum leuat et ultra profundum terrarum et abissum in quoddam inane demergit?* Et ut alteram partem transeam, *Qui diuicias per phas et nephas quaerit, qui adulatur regibus, hereditates captat alienas et opes congregat, quas in momento, cui sit relicturus, penitus ignorat?* Sola ergo sacra scriptura tanquam *lux in tenebris* lucet *Joh. j.*[3]) *Hec est*[4]) enim veri *solis* radius, *per quem* cunctis *diescit in tenebris* et *cordis oculus.* Hec est *deliciosa anime paradisus. Hec* est, quae *in celeste terrenum in immortale caducum, hominem in deum deifice imitationis autoritate conuertit. Hec est solum humane calamitatis solacium.* Hec est *humane noctis lucifer singularis, cuius aciem nulla aeris caligo confundit, nulla densitas terre operam eius offendit. Nec aquae multitudo eius intellectum obtundit. Hec igitur quamuis apud multos, qui sensuali bestialitate brutescunt, nimia vilitate langueat, apud illos tamen, qui in ignem originalis racionis redegerunt scintillam praeconisantis fame, munere non fraudatur. Sola*[5]) ergo sacre scripture *super omnem possessionem praeeminet generosa possessio.* Quia *hic est candor nunquam deficiens, fons semper scaturiens,* originale *vite seminarium,* sapiencie *principale principium, iniciale bonitatis inicium.* Verba hec sunt *Alani in de planctu nature prosa 6ta.*[6]) Merito ergo ad propositum accedunt sapientis verba scilicet *Candor est enim lucis eterne.*

Ex quibus itaque praemissis verbis luculenter inspectis pro sacre theologice science commendacione Duo tanguntur: Primo sacre scripture candida subtilitas, et tangitur ibi: *Candor,* est enim candidior sole, ymmo eius candorem sol et luna mirantur, *Et super omnem stellarum dispositionem inuenitur prior Sap. 7.*[7]) *Pulcritudinem candoris eius admirabitur oculus ecclesiastici 43.*[8]) 2° tangitur eius magna et mira profunditas in altera parte thematis, cum subiungitur *lucis eterne,* Quia huius sanctissime sciencie alte sunt et eterne diuicie, *incomprehensibilia iudicia et inuestigabiles vie eius Ro. jj.*[9]) Ipsa enim *ex ore altissimi* prodiit et *ante omnem creaturam* est *primogenita. ecclesiastici 24.*[10])

Primo dixi, quod sacra scriptura commendatur ex eius candida subtilitate, quae in duobus declaratur. Nam sacra scriptura clarior maiestate cuncta transcendit sidera bassa scandens eminenter, quia *Candor,* 2° forcior firmitate dicta sternit friuola Deum pandens luculenter, quia *est enim* etc.

Primum, videlicet, quod sacra scriptura clariori maiestate cuncta transcendit sidera bassa scandens eminenter, patet, quia est *fons sapiencie verbum dei in̄ excelsis Ecclesiastici j.*[11]) *Sacra* enim *scriptura* teste b. *Bernardo sermone 40. super Cantica*[12]) *transcendit omnia cacumina terrarum, omnes altitudines siderum, omnes legiones angelorum altissima diuinitatis attingens.* Cuius candoris celsitudinem apostolus considerans *ad roma j.*[13]) cogitur exclamare: *O altitudo diuiciarum sapiencie et sciencie dei, quam incomprehensibilia sunt iudicia eius et investigabiles vie eius.* Hec quidem est illa, que sola girum celi circumiit, profundum maris penetrauit, in omni terra stetit, in omni populo primatum habuit i. e. in omni sciencia humanitus inuenta. Nam in ymis latitat ars mechanica et manualis, in alcioribus disputat sciencia metaphysicalis, in altissimis vero habitat scriptura diuinalis dicens: *Ego in altissimis habito et tronus meus in columpna nubum Ecclesiastici 24.*[14]) Et nimirum quia *est speciosior sole* et candor lucis eterne *et super omnem disposicionem stellarum*

---

1) Ps. 58, 4. 2) c. 3. D. XXXVII. 3) Joh. 1, 5. 4) Alan. de planct. nat. M 210 465 A. 5) 464 D. 6) 451 D. 7) Sap. 7, 29. 8) Eccli. 43, 20. 9) Rom. 11, 33. 10) Eccli. 24, 5. 11) Eccli. 1, 5. 12) Bernh. sup. cant.? 13) Rom. 11, 33. 14) Eccli. 24, 7.

Sap. vt supra.[1]) Quia *luna non candet et stelle non sunt munde in conspectu eius Job 25.*[2]) Ipsa enim praecellit cuncta non solum speciositate, sed et potestate. Quia ipsa est, per quam reges regunt et legum conditores iusta decernunt, per eam *principes imperant et potentes agunt iusticiam Prouer. 8.*[3]) Quia *attingit a fine usque ad finem fortiter, disponens omnia suauiter sap. 8.*[4]) Et ob id sapiens praeposuit *illam regnis et sedibus et diuicias nihil esse* duxit *in comparacione eius Sap. 7.*[5]) Quia ipsa dicit *prouer. 8.*[6]) *meum sunt diuicie et gloria et melior est fructus meus auro et lapide precioso.* Quia ipsa aurum est et *aurum terre illius optimum est genes. ij.*[7]) Et ipsa est *argentum igne examinatum, probatum terre, purgatum septuplum ps. ij.*[8]) Si ergo diuites esse cupitis, veras diuicias amate. Et o reges populi, si *delectamini in sedibus et sceptris, diligite istam sapienciam, ut in perpetuum regnetis Sap. 6.*[9]) Quia *siquis sine ista sapiencia existimat se prudentem fieri posse, non sanus, sed eger, non prudens, sed stultus in egritudine assidua laborabit et in cecitate noxia stultus et demens permanebit,* ut dicitur *26 q. 2 quis sine.*[10]) Omnis enim gemma et *aurum in comparacione istius arena exigua et argentum tanquam lutum existimabitur in conspectu istius Sap. 7.*[11]) Et tantum de minus principali primo.

Secundum, videlicet quod ipsa sacra scriptura forcior firmitate dicta sternit friuola Deum pandens luculenter, patet in verbo thematis ibi: *est enim* etc. Est enim substantiua fortitudo, fruitur via recta et stabili. *Semita enim illius seruat viam suam prouer. 16.*[12]) Et ergo inquit *Hugo in suo didascalico*[13]): *Haec summa prouidencia super omnes omnium gencium literas omnia sibi ingeniorum humanorum scibilia excellenti autoritate subiecit.* Propterea dicitur *in Canone 37. dis.*[14]) Quod *omnis splendor rethorice eloquencie, omnes modi poetice locucionis, quaelibet varietas decore pronunciacionis a diuinis scripturis sumpsit exordium.* Et illius subiungitur causa[15]): Quia *omnis racio superne sciencie uel terrene creature in eo est, qui est caput eorum et autor, ut qui hunc nouerit, nihil ultra quaerat, quia hic est perfecta virtus et sapiencia. Quidquid alibi quaeritur, hic perfecte invenitur.* Nec mirum. Quia si grammatica tractat de nomine et verbo, hic vero de nomine, *quod est super omne nomen,* cui *cuncta flectunt genua ad philip. 2°.*[16]) In quo nomine saluos fieri credentes oportet, nomen videlicet Jhesu Christi, qui saluum faciet populum a potestate eorum, ut canit ecclesia. Et tractat de verbo eternali. Quia *verbum domini stabit ineternum Isa. xl.*[17]) et assumitur *in Canone 35 q. 10 c.*[18]) *fraternitatis,* ubi dicitur: *Est enim verbum dei validum et forte, durabile et perseuerabile, non momentaneum, non transitorium. Ait enim per se ipsam veritas, quae deus et verbum dei est: Celum et terra transibunt, verba autem mea non transibunt Math. 24.*[19]) Si loyca ex duabus praemissis conclusionem inferre potest, haec ex duabus personis in trinitate terciam docet procedere, non tanquam ex duobus principiis, sed tanquam ex vero principio, ut *hoc firmiter tenet, praedicat, profitetur et docet sacrosancta Romana ecclesia, mater omnium fidelium et magistra. Et hoc habet orthodoxorum patrum atque doctorum latinorum pariter et grecorum incommutabilis et vera sentencia. Extra de summa trinitate et fide catholica c. vnico li. vj.*[20]) Si phisica docet herbis sanare Apostemata, haec solo verbo facit et curat omnia, *quia ipse dixit, et facta sunt ps. 148.*[21]) *Et in Canone reuera de consecracione dis ij.*[22]) Si geometria magnitudinem terre mensurat, haec *sola girum celi circuit* et superat *ecclesiastici 24.*[23]) Si Arithmetica numerum dicit et considerat, haec numerum, quem *nemo dinumerare poterat,* explicat *Apoc. 7.*[24]) *Cum omnia nuda et aperta sunt oculis eis ij. q. j. Deus*

1) Sap. 7, 29. 2) Job 25, 5. 3) Prov. 8, 16. 4) Sap. 8, 1. 5) Sap. 7, 8. 6) Prov. 8, 18. 7) Gen. 2, 11. 8) Ps. 12, 7. 9) Sap. 6, 22. 10) c. 7. C. XXVI. q. 2. 11) Sap. 7, 9. 12) Prov. 6, 17. 13) Hugo, did.? (MPL 176). 14) c. 7. D. XXXVII. 15) c. 7. D. XXXVII. 16) Phil. 2, 10. 17) Jes. 40, 8. 18) c. 1. C. XXXV. q. 10. 19) Matth. 24, 35. 20) Sexti decr. l. I. tit. 1. c. 1. 21) Ps. 148, 5. 22) c. 69. D. II. de cons. 23) Eccli. 24, 8. 24) Apoc. 7, 9.

omnipotens.[1]) Si perspectiva tractat de linea visuali, haec de dei visione sentencionali *extra de summa trinitate et fide katholica*[2]) firmiter credimus. Si musica sonos et melodias concordat, haec angelos iubilando *in secula seculorum* proclamat *Apoc. 4.*[3]) et *de consecracione dis. j.*[4]) Nocte sancta, ubi dicitur, quod nocte natiuitatis domini *facta est cum angelo multitudo milicie celestis laudancium et dicencium Gloria in excelsis deo et in terra pax hominibus bone voluntatis.* Si Astronomia indicia astrorum aperit, haec astra penetrans celum empireum demonstrat et in solio patris regnare facit *Luc. ij.*[5]) In quo *mansiones multe sunt Joh. 14.*[6]) Nam secundum *Augustinum* in libro *de conflictu viciorum et virtutum*[7]) Ibi *nulla aduersitas turbat, nulla necessitas angustat, nulla molestia inquietat, sed perennis leticia regnat. Quidquid bonum est, ibi est, et quicquid mali est, ibi nunquam est.* Ibi semper erit vita sine morte, certe sine forte, dies sine nocte, iocunditas sine dolore, securitas sine timore, tranquillitas sine labore, fortitudo sine debilitate, rectitudo sine peruersitate, pulcritudo sine difformitate, veritas sine fallacia, caritas sine malicia, felicitas sine miseria. Que omnia non requiruntur in Astronomia. Quare *Ambrosius* in eo *libro, quo obitum fratris luget*[8]), sic inquit: *Philosophi de celo disputantes, quid loquantur, ignorant.* Et ob id sacras literas mundo utiles et necessarias, alias humanas artes et inuenciones excellentes, quae perennitatem suis largiuntur et praestant, attente legamus, ut habetur *37 d. per totum.*[9]) Nam *verbo domini celi firmati sunt ps. 32.*[10]) In qua autoritate divina scriptura ex tribus commendatur. Describitur primo ut nobilissima praecellens omnia, quia *verbo domini. Verbum domini crescebat et multiplicabatur* valde *Act. 6.*[11]) 2° ut capacissima declarans omnia, quia *celi. Celi enarrant gloriam dei ps. 18.*[12]) 3° ut potentissima ostendens viuida. Nam *firmati sunt. Sanctuarium tuum, domine, quod firmauerunt manus tue Exo. 15.*[13]) Ex quibus reuera iuxta tenorem prime partis propositi thematis, scilicet Candor est enim lucis eterne. Tria operatur ipsa sacra scriptura. Primo praecellit omnia candore coequali *De celo respexit dominus, vidit omnes filios hominum ps. 32.*[14]) Et *quodcunque viderit, annunciet Isa. 21.*[15]) 2° declarat singula virtute luminali, quia *est* enim *lux vera illuminans omnem hominem venientem in hunc mundum Joh. j.*[16]) Ideo dicit ps. *Quoniam apud te est fons vite et in lumine tuo videbimus lumen ps. 35.*[17]) 3° ostendit viuida ab arte diuinali et hoc cum dicitur *enim. Misit* enim *verbum suum et sanavit eos ps. 106.*[18]) Verbum, inquam, sacre scripture. Patet ergo ex dictis Sacre scripture candida subtilitas, quae habetur ex primis verbis Thematis, ubi scriptum fuit: *Candor est enim.* Et tantum de principali primo.

Dixi 2° et breuius, quod ipsa scriptura commendatur ex eius magna et mira profunditate, quae in tribus declaratur. Nam sacra scriptura est firmiter radicata et profunde illustrata supernali lumine, quia *lucet.* 2° ipsa est dignitate decorata et in sensu dilatata eleganti ordine, quia *eterne.* 3° quia ipsa bonitate sublimata et in alto collocata diuinali numine, quia *lucet eterne.*

Dixi primo, quod sacra scriptura est firmiter radicata et profunde illustrata supernali lumine, quia *lucet.* Nam *inextinguibile est lumen eius Sap. 7.*[19]) quod lumen *illuminat omnem hominem venientem in hunc mundum Joh. j.*[20]) Quod pertractans *Crisostomus*[21]) dicit: *Si illuminat omnem hominem venientem in hunc mundum, qualiter tot sine lumine manserunt? Non enim omnes cognoverunt Christi culturam* et sacram scripturam. Et soluit dicens: *Illuminat omnem hominem, quantum ad eum pertinet, si autem quidam oculos mentis claudunt, non a lucis natura obtenebracio illius, sed a malicia eorum, qui voluntarie se ipsos priuant dono gracie. Nam*

1) c. 20. C. II. q. 1. 2) Decr. Greg. IX. l. I. tit. I. c. 1. 3) Apoc. 4, 9. 10. 4) c. 48. D. I. de cons. 5) Luc. 2, 13 ss. 6) Joh. 14, 2. 7) Aug. confl. vit. XXVI (MPL 40 1605 B). 8) Ambr. exc. fratr. Sat. (MPL 1398 A). 9) D. 37. 10) Ps. 33, 6. 11) Apg. 6, 7. 12) Ps. 19, 2. 13) Ex. 15, 17. 14) Ps. 33, 13. 15) Jes. 21, 6. 16) Joh. 1, 9. 17) Ps. 36, 10. 18) Ps. 107, 20. 19) Sap. 7, 10. 20) Joh. 1, 9. 21) Chrysost. hom. in Joh. VIII 1 (MPG 59. 67).

gracia quidem ad omnes diffusa est, qui vero nolunt hoc dono vti, sibi hanc computant cecitatem. Et illud lumen sacre scripture, quod *illuminat et intellectum dat paruulis ps. 118.*[1]) dupliciter se diffundit. *Primo* effundit lumen doctrine et veritatis, quod est nostre obliquitatis luminose directum, quia sicut sol naturalis varios radios emittit ad mundum illuminandum, ita sacra scriptura diuersa documenta continet atque docet. Quibus mediantibus erroris tenebris effugatis mens illustratur et homo in agendis dirigitur et informatur. Quia dicit b. *Jeronimus* in *epistola ad Paulinum*[2]), quod *omne, quod legimus in diuinis libris, lucet et fulget,* Et per tales praefulgidas doctrinas quilibet informatiue illuminatur. Nam ut dicit *Crisostomus super matheum*[3]): *Quidquid quaeritur ad salutem, invenitur in scripturis diuinis. Qui enim ignorans est, invenit ibi, quod discat, qui contumax est, invenit ibi, quod timeat, qui laborat, invenit ibi requiem, qui piger est, invenit in illa, quibus excitetur ad opus.* Hoc ille. Et ergo dicit *Isidorus de summo bono*[4]), quod *Sacra scriptura pro vniuscuiusque variatur intelligencia. Sicut manna, quod populo veteri pro singulorum delectacione varium dedit saporem, Sic iuxta sensuum capacitatem sacra scriptura congruit pro vniuscuiusque intellectu.* Et idem dicitur *in Canone relatum 37. dis.*[5]) Quod *multa sunt verba in scripturis diuinis, quae possunt trahi ad eum sensum, quem sibi vnusquisque sponte praesumpserit.* *2°* Sacra scriptura effundit lumen gracie et sanctitatis, quod est sue fecunditatis copiose diffusio. Quia sol materialis in omnem posicionem loci lumen suum diffundit iuxta illud *ecclesiastici 42.*[6]) *Sol illuminans per omnia respexit.* Ita sacra scriptura lumen gracie et sanitatis, quod in sapiencia generatur, vndique diffundit, scilicet superius ad praelatos, inferius ad subditos, a dextris ad iustos, a sinistris ad impios, ante ad statum patrie, retro ad statum vie. Fulgent enim superius praelati lumine sapiencie per splendorem correccionis, fulgent inferius subditi per decorem subieccionis, fulgent a dextris iusti per candorem puritatis et innocencie, fulgent a sinistris impii per uitorem contricionis et penitencie, fulget ante status patrie per fulgorem visionis beatifice, fulget retro status vie per splendorem cognicionis enigmate. Et ergo merito dicebatur, quod sacra scriptura est profunde illustrata supernali lumine.

De 2° videlicet, quod sacra scriptura est dignitate decorata et in sensum dilatata elganti ordine, quia *eterne.* Quia secundum b. *Augustinum in de vera religione*[7]) *Ad dignitatem scripture pertinet, ut sub vna litera multos sensus contineat, ut sic in diuersis intellectibus hominum vnusquisque gaudeat se posse invenire in diuina scriptura, quam concipit veritatem.* Et secundum b. *Gregorium in moralibus*[8]) *Quanto diuina scriptura pluribus modis iuxta fidem exponitur, tanto in ea homines libencius delectantur.* Et ideo secundum eundem *libro 3° in registro*[9]) *in intellectu sacre scripture respui non debet, quod sane fidei non resistit. Sicut enim ex vno auro alii annulos* alii cingulos *alii dextralia* alii aliud ornamentum *faciunt, Ita ex vna sacre scripture intellegencia expositores per innumeros intellectus quandoque varia ornamenta componunt, quae tamen omnia ad decorem celestis sponse proficiunt.* Hoc ille.

De 3° quod sacra scriptura est bonitate sublimata et in alto collocata diuinali numine, patet ex *allegoria arcium*[10]), vbi dicitur: *Constat theologiam omnes alias dignitate simul et potestate praecellere, cum ei singule debeant in suis officiis obedire, siquidem ipsa omnibus aliis bonos effectus communicat et plurima insuper, ad quae relique non satis sunt idonee, suis alumpnis ministrat. Nam et ipsa mala dissipat ocia, hortatur vitare tumultum, ipsa praebet ornatum, fugat desidiam, bonos labores amat, et hos labores sacra scriptura bene imperat, quae digne laboranti grande pro-*

1) Ps. 119, 130. 2) Hier. epist. 58/9 (MPL 22 585). 3) Chrys. sup. Matth. XXII = Thom. Hib. man. flor. Script. ba. 4) Isid. sent. lib. III (MPL 83) = Thomas Hibernicus man. flor. fol. 234 ed. Venet. 5) c. 14. D. XXXVII. 6) Eccli. 42, 16. 7) Aug. de vera rel. = Thomas Hibernicus, manipulus florum fol. 234 ed. Venet. cf. doctr. christ. (MPL 34 80) 8) cf. Greg. mor. XVI 19 (MPL 75 1132) 9) Greg. ep. III 67 (MPL 77 668 A). 10) allegoria artium?

mittit praemium, ne succumbat, cor exhilarat, mentem eleuat, magnam quoque irrigat audaciam, facundiam praestat, auditorem oblectat, ad praecepta inclinat, causas defensat, alumpnum quoque suum glorificat, scienciam dilatat, res arduas attemptat, adulaciones omnino reprobat, laudem comparat, iactanciam vitat. Theologia medicinalis est omnino prae artibus aliis, quae morbis obuiat, eciam et fugat et postea sanitatem conseruat, magnos in terra confert honores, quia alumpnos suos ad celestis curie promouet dignitates. Ipsa quoque confert abundanter necessaria et non solum in patria, sed in via, quoniam dona plurima confert gloriosa. Verum theologia non sicut artes reliquae famam virtutum suarum comperpetuat, sed eciam perennat. Hoc ille ibi. Quia ipsa sacra scriptura omnium bonorum mater est *Sap. 7.*[1]) Que edificauit super domum *prouer. 9.*[2]) *miscuit vinum et posuit mensam* filio suo studenti dicens: *Comede, fili mi, mel et fauum*[3]) secundum glossam i. e. doctrinam sapiencie. Quia *non in solo pane vivit homo, sed in omni verbo, quod procedit de ore dei Mat. 4.*[4]) propter quod dicitur: *Cibauit illum dominus pane vite et intellectus et aqua sapiencie salutaris potauit illum.*[5]) Et ad istum intellectum loquitur b. *Gregorius 10. mor.*[6]) dicens: *Scriptura aliquando nobis cibus est, aliquando potus. Cibus est in locis obscurioribus, quia quasi exponendo frangitur et mandendo glutitur. Potus vero est in locis apercioribus, quia insorbetur, sicut invenitur.* Hoc ille. Et facit ad hoc dictum venerabilis *Hugonis li°. 3° de claustro anime capitulo 8.*[7]) dicentis: *In refectorio sacre scripture tres ponuntur mense i. e. tres intellectus videlicet historiacus, misticus* et *moralis. Prima mensa simplicibus, 2ª doctioribus, 3ª communis vtrisque. In prima cibus grossior, in 2ª subtilior, in 3ª dulcior. Prima saporem continet exemplorum, 2ª vim misteriorum, 3ª dulcedinem morum. Prima pascit miraculis, 2ª figuris, 3ª verbis.* Hoc ille. Patet ergo, quod haec sacratissima scriptura est in alto collocata diuinali numine, quia *candor est enim lucis eterne.* In quibus uerbis tria colliguntur sacre scripture officia. Primum: Clarificat turbidos dans eis splendorem sapiencie. Et hoc tangitur in primo thematis verbo, scilicet *Candor.* Quoniam *laquei facti estis candori*[8]) *Osee 5to.*[9]) 2m quod mundificat sordidos, dans eis lucem innocencie. Et hoc in *est enim lucis. Fuistis aliquando tenebre, nunc autem lux in domino Ephe. 5to.*[10]) 3m quod viuificat languidos dans eis vigorem permanencie. Et hoc tangitur in ultimo verbo thematis, videlicet *eterne. Beatus homo, qui invenit sapienciam prouerb. 3°.*[11]) quia[12]) fructus sacre scripture est plenitudo eterne felicitatis. In ipsa enim sunt verba vite eterne quae ideo scripta sunt, non solum ut credamus, verum eciam ut possideamus. Ad quam sacra scriptura nos conatur introducere, quae *Candor est lucis eterne.* Que fuerunt verba loco thematis assumpta. Et taliter licet exiliter introducta.

In quibus quidem verbis ad laudem huius sacratissime theologicalis sciencie et specialiter ad commendacionem libri sentenciarum illius noticia quoad quadruplicem eius causam magnifice extollitur. Primo enim commendatur quantum ad eius causam formalem, cum dicitur: *Candor,* per quem innuitur puritas innocencie. *Ecclesiastes ix.*[13]) *Omni tempore sint vestimenta tua candida et oleum in capite tuo non deficiat.* Similiter *Apoc. 19.*[14]) *Datum est ei, ut cooperiatur se bissino splendenti et candido.* 2° quantum ad causam materialem, cum dicitur: *Est.* Est enim stabile et originale fundamentum et incorruptibile *prouer. 16.*[15]) In *via recta* est stabilis. Super basim ratificatur inconcusse firmitatis. Quia *a domino deo est et cum ipso fuit semper et est ante euum Ecclesiastici j.*[16]) Et *nunquam marcescit Sap. 6.*[17]) 3° quantum ad causam efficientem, cum dicitur *lucis. Joh. 8.*[18]) *Ego sum lux mundi. Qui se-*

1) Sap. 7, 15 ss. 2) Prov. 9, 2. 3) Prov. 24, 13. 4) Matth. 4, 4. 5) Eccli. 15, 3. 6) Greg. mor. I c. XVI (M 75 = Thom. Hib. man. flor. 540c) Script. am. 7) Hug. de claustr. an. III c. 8 (MPL 176 1097 D) = Thom. Hib. man. flor. Script. bl. 8) Hos. 5, 1. 9) über candori steht speculacioni. 10) Eph. 5, 8. 11) Prov. 3, 13. 12) über quia steht vbi glosa. 13) Eccli. 9, 8. 14) Apoc. 19, 8. 15) Prov. 16, 25. 16) Eccli. 1, 1. 17) Sap. 6, 13. 18) Joh. 8, 12.

quitur me, non ambulat in tenebris, sed habebit lumen vite. Que lux *illuminat omnem hominem venientem in hunc mundum Joh. j.*[1]) Cui alludit ps. *Accedite ad eum* etc. *ps. 33.*[2]) 4[to] commendatur quo ad causam finalem, cum dicitur *eterne. Eterna enim vita complementum et finis est omnium virtutum,* ut dicit b. *Thomas* in *principio suo circa primum sentenciarum.*[3]) Item b. *Augustinus* in *libro xiij. de trinitate capitulo 4*[to4]) allegans et applicans dictum *Ciceronis*[5]), qui dixit: *Beati certe omnes esse volumus* et eterni. Ad quem finem eternitatis per bona opera in 4[to] libro sentenciarum enucleata securus est progressus. Quare et simbolo Athanasii dicitur. Et qui bona egerunt, ibunt in *vitam eternam lacte et melle manentem numeri 14.*[6]) Et pro concordancia omnium illorum dicit b. *Ieronymus* in quadam *epistola*[7]): *Vtere lectione diuina vice Candoris feda corrigendo, pulcra conseruando et pulcriora faciendo.* Scriptura enim sacra et sciencia librorum sentenciarum Candor est feda ostendens et ea corrigi docens. Qui candor per verba thematis praemissi est expressus, scilicet *Candor est enim lucis eterne.* Ad quem candorem perducat nos trinitas beata eternaliter benedicta. Amen.

[17[a]] Expeditis itaque primis duobus venio ad tercium, scilicet ad breuis quaestionis descisionem Et quia magister in hoc primo determinat de immensa deitate, ideo circa hunc primum hanc moueo quaestionem:

Utrum proprietas relatiua inquantum est constitutiua diuini suppositi summe deitatis in racione intelligendi sit prior seipsa, ut est relacio in genere sue nature et entitatis?

— —

Quantum ad ultimum huius actus habeo referre graciarum acciones. Hoc enim natura tanquam debitum videtur appetere, vt beneficiatus beneficiatorum merita recognoscat. Quare consideracione prouida dignum dixi illi primo reddere graciarum acciones, a quo *omnis gracia deriuatur,* Christo Jhesu domino *j[e] ad thimo. j.*[8]) Huic ergo gracias ago quamuis valde impares suis beneficiis et nimis expertes digne deuocionis. Compleat tamen in his sua potentissima benignitas, quod mea conatur tepidissima imbecillitas conuertatque meum torporem in feruentissimum sui amorem, quo ei laudes persoluam in secula seculorum. Amen.

Deinde graciarum acciones refero castissime ac gloriosissime dei genetrici virgini Marie, cui et si dignas graciarum laudes persoluere non valeam, confido tamen cum b. *Ambrosio*[9]), quod laudes meas quantumcunque indignas apud suum filium dignas faciet, quia nunquam reliquit humilem, nunquam deseruit debilem nec pauperem despexit. Huic ergo laudes et graciarum acciones referam nunc et in eternum.

Insuper gracias ago toti tam militanti quam triumphanti ecclesie, quarum laudibus non solum insisto, sed cum ipsis dabo *gloriam et honorem sedenti super tronum in secula seculorum Apoc. 4.*[10])

Deinde ad inferiora descendens grates refero venerabilibus viris et dominis sacre theologie professoribus, qui non obstante mea insufficiencia me ad legendum sentencias concorditer assumpserunt, Signanter tamen venerabili viro Magistro *Andree Rudiger* de *gorlicz*[11]) sacre theologie professori pro impensis mihi beneficiis et fauoribus, non quas debeo, sed quas possum, refero, graciarum acciones, Et non minores refero graciarum acciones quondam religioso patri domino doctori *Breslawer*[12]) inter professores sacre pagine huius vniuersitatis proxime defuncto, qui me quondam ex sua innata pietate in ortulum huius alme vniuersitatis sudorose plantauit, plantatum tam pie aquis sue supereffluentis doctrine sedule rigauit et rigatum tam studiose suis instantissimis correpcionibus more paterno purgauit, Et tandem

1) Joh. 1, 9. 2) Ps. 34, 6. 3) Thom. sent. I princ.? 4) Aug. de trin. XIII 4 (VIII 1413 D). 5) Cic. frag. V 36. 6) Num. 14, 8. 7) Hier. epist. = Thomas Hibernicus manipulus flor. ed. Venet fol. 234 8) 1. Tim. 1, 2. 9) Ambr.? 10) Apoc. 4, 10. 11) Dieser hatte Klein präsentiert. Vgl. Brieger 47[b]. 12) Johannes Breslauer. Vgl. Brieger 56[b].

ipse vnicus post omnium autorem deum in id quidem perduxit et de pulueribus miserie et anxietatis me erexit, vt, cum tante pietatis opera memoriam meam occupent, mallem lacrimis gratitudinis grates persoluere quam verbotenus insulte eructare, illi supplicans incessanter, qui dat omnibus affluenter, vt illis de collatis mihi beneficiis dignetur esse piissimus retributor.

Regracior insuper egregiis dominis iuris canonici et medicine doctoribus et honorabili viro Magistro *Johanni Spira* facultatis arcium decano[1]) bene digno ceterisque magistris omnibus et sacre theologie baccalariis formatis et non formatis, omnibus eciam et singulis suppositis et studentibus, qui dignati sunt praesentem actum visitare et facultatem theologicam in persona mea honorare offerens me ad eorum beneplacita similia et maiora.

Principium in secundum sententiarum.

Handschrift Nr. 158 Bl. 25ª—30ᵇ.

Principaturus in 2^m sentenciarum iuxta laudabilem praeclare theologice facultatis consuetudinem 4^{or} in hoc actu sum facturus: primo diuinum auxilium de celo praestandum humiliter implorabo, 2° sacratissimam diuinamque scienciam videlicet theologiam pro posse recommendabo, 3° quaestionem determinaturus et contra magistrorum meorum mecum in sentenciis concurrencium dicta replicabo, 4to et vltimo pro praesentis actus complecione graciarum acciones reserabo.

Quantum ergo ad primum. Si interne consideracionis intuitu et natura quadam et perspicaci mentis pertractacione memorari libuerit, quam praeclarissimorum et exspectabilium virorum industriam legerimus circa huius sacratissime doctrine studium sese occupasse, sed et occupando eam mirabiliter commendasse et demum recommendando finaliter defecisse, Quis modo mortalium audebit de laude et recommendacione ipsius se ingerere, vbi tanta et tot excellentissimorum studia perspexerit minus potuisse? Et fortasse de aliis ad praesens oportunum sit obticere. saltem illud gloriosum lumen omnium ęcclesiarum, gencium doctorem beatissimum apostolum Paulum trepidus et nimis pauens aspicio, qui *non secundum hominem*, ut ipse testatur instructus *neque ab homine accepit*, quod didicit, sed *per reuelacionem Jhesu Christi ad galat. j.*[2]) Qui et raptus archana dei, *quae non licet homini loqui*, conspexit. *2 chor. 12.*[3]) Qui quamuis esset magister gencium et supercelistis thezauri sapiencie et sciencie dei dispersator altitudinem huius sacre doctrine ineffabilemque profunditatem et incomprehensibilitatem considerans admirando dixit: *O altitudo diuiciarum sapiencie et sciencie dei. quam incomprehensibilia super iudicia eius et investigabiles vie eius ad Roma. jj.*[4]) Mirabatur itaque Paulus, sed et ego nedum miror, verum et vehementer terrore concucior, cum sim respectu illius velut abortiuum et peripsima ignorans ingressum et introitum meum *3ⁱⁱ regum ij.*[5]) Locuturus ergo de rebus tam sublimibus et ab humano sensu remotis primum cum beato *Dyonisio quarto capitulo celestis hirarchie*[6]) ignoranciam meam pudice confiteor et confitendo cum eodem precor, ut *sit dux sermonis mei Christus* Jhesus, a quo sicut a fonte summe plenitudinis participaciones donorum ad inferiora descendunt. Hunc ergo humiliter inuocando Dico cum *Alano in Anticlaudiano*[7]) *summe deus, eterne parens, viuensque potestas, vnica forma boni, recti via, limes honesti, fons vite, sol iusticie, pietatis asilum, principium finisque, modus, mensura, sigillum, rerum causa, manens racio, vis alma, zophya vera, dies verus, lux nescia noctis origo, Summa: decor mundi perfectus, vita perennis, Tu*[8]) *mihi praeradia diuina luce meamque Plenius irrorans diuino nectare mentem, Complue, tange nephas animi tene-*

1) Johannes Cappentantz von Speyer. Dekan der Artistenfak. W. 1474. Vgl. Brieger 58ᵇ.
2) Gal. 1, 12. 3) 2. Cor. 12, 4. 4) Röm. 11, 33 5) *2. Reg. 3. 6) Diony. cael. hier. c. II 5 (MPL 3 146c) 7) Alan. Anticl. V. 5, 36. 8) Anticl. V 5, 55.

brasque rescindens, Discute meque tue lucis splendore serena, Tu calamum repara, purga rubigine linguam. Da, queso, tua verba loqui mutoque loquelam Praebe, da fontem sicienti, dirige callem, Erranti duc, nauta, ratem portumque timenti Dona celesti perflans mea carbasa vento, Ut cum Apostolo *paulo* dicere valeam: *Deus astitit mihi et confortauit me 2ᵉ ad thymo. 4.*[1]) Sicque ingrediar in sanctuarium domini, ut annunciem gloriam et laudem huius sacratissime scripture. Ad gloriam et laudem eius, qui est in secula benedictus. Amen. Et tantum de principali primo.

Quantum ad 2ᵐ pro aliquali sacre scripture recommendacione et praeconio resumo thema alias in principio cursus mei deductum necnon in faciendo principium in primum sentenciarum repetiturus, Et *sapiencie 7.*[2]) de laudibus altissime sapiencie scilicet sacre scripture originaliter prolatum, scilicet: *Candor est enim lucis eterne.*

Es folgt nun dieselbe recommendatio sacrae scripturae, wie sie im Principium in primum librum sententiarum sich findet.

Expeditis itaque primis duobus venio ad 3ᵘᵐ videlicet ad breuis quaestionis descisionem et ad magistrorum mecum concurrencium collacionem. Et quia magister in hoc 2° determinat de rerum creacione, quam deus operatur in rebus per eius intellectum et voluntatem, ideo circa hunc 2ᵘᵐ hanc moueo quaestionem:

Vtrum deus, qui principium essendi est, omnium quae creatam habent entitatem, in rerum productione prius intelligatur agere per intellectum quam voluntatem.

Die opponierenden Magister sind Heinrich Thime[3]) und Valentinus Falka.[4])

Dei adiutorio primis 3ᵇᵘˢ expeditis restat nunc principale vltimum pro hac vice mihi suauissimum, quod est graciarum accionum relacio ac ingratitudinis vicii penitus abrasio et exclusio. Refero igitur in primis graciarum acciones astripotenti domino ac temeratissime virgini marie humane fragilitatis adiutrici tutissime ac dignissime vniuerseque multitudini supercelestis curie, quorum suffragantibus virtutibus, precibus et meritis praesens actus est roboratus. Consequenter ad ista scandens inferiora primo grates refero venerabilibus viris et dominis sacre theologie professoribus, qui non obstante mea insufficiencia me ad praesentem actum complendum fauorose admiserunt, honorabili viro magistro *Johanni Spira*[5]) decano facultatis arcium digno ceterisque magistris et sacre theologie baccalariis formatis et non formatis omnibusque aliis magistris, suppositis et studentibus, qui dignati sunt praesentem actum visitare et facultatem theologicam in persona mea honorare offerens me ad eorum beneplacita similia et maiora.

Principium in tercium sententiarum.

Handschrift Nr. 158 Bl. 31ᵃ—33ᵇ.

Principiaturus in 3ᵘᵐ librum sentenciarum actum praesentem in tres distinguo partes principales, videlicet iniciatiuam, continuatiuam et terminatiuam. In parte iniciatiua praemittenda est sacre scripture recommendacio praemissa diuini suffragii invocacione. In parte continuatiua subiungenda est vnius quaestionis determinacio et replicarum subivnccio cum argumentorum contra me factorum solucione. In parte vero determinatiua referenda est graciarum accio debita cum deuocione. Ut sic per primum excitetur mentis affectus, per secundum perficiatur racionis intellectus, per 3ᵘᵐ detestetur ingratitudinis defectus. Sed ad hec omnia heu minus sufficiens invenior et ineptus tum propter ignorancie ruditatem tum propter profundam occurrentis materie profunditatem. Attamen iuxta sentenciam *magistri in prologo huius libri*[6]) fiducie mee Anchoram in ipso piissimo Samaritano statuens, qui prolatis in

1) 2. Tim. 4, 17. 2) Sap. 7, 26. 3) Dieser aber erst 30. Juni 1475 ad sent. adm. Brieger 54ᵃ. 4) 1454 Curs. 1478 Lic. Zulassung zu den Sentenzen in der Signatura promotorum nicht vermerkt. Brieger 72ᵃ. 5) Hieraus folgt, daß Kleine die Vorlesung über das zweite Buch der Sentenzen noch im W.-S. 1474 begann. 6) Petr. Lomb. sent. I prol.

curacionem semiuiui duobus denariis supererogranti cuncta reddere professus est. Et si in gazophilacium domini duo minuta cum paupercula pauperior ego mittere non potero, saltem cum felice illa peccatrice Maria Magdalena humiliter stabo retro secus pedes domini Jhesu dicens cum ceco in euangelio: *'Jhesu, fili Dauid, miserere mei' luc. 18.*[1]) Auxilium igitur a te, qui omnis lucis es splendor, *illuminans omnem hominem venientem in hunc mundum Joh. j.*[2]) humiliter imploro et *ad* te *patrem* domini nostri Jhesu Christi *flecto genua* cordis mei, *a quo omnis paternitas in celo et in terra nominatur, vt det* mihi *secundum diuicias glorie sue virtutem corroborari per spiritum eius ad ephe. 3.*[3]) *vt det mihi sedium suarum assistricem sapienciam*[4]), ut mecum sit et mecum laboret sapiencie ix. Et cum *Architrenio*[5]) perspicacissimi ingenii viro ad hoc praestandum deum omnipotentem invoco et imploro dicens:

O qui secretas hominum metiris arenas — — —[5a])

Verba sunt maximi *Alani* in *Anticlaudiano.* Huiusmodi ergo suffultus praesidio pro aliquali sacre scripture breui praeconio cooperante altissimo resumo verba in principio cursus mei thematice dicta et in principiis primi et 2[i] sentenciarum librorum continuatiue deducta. Et nunc pro recommendacione sacre scripture reassumpta *Sap. 7.*[6]) originaliter scripta, scilicet: *'Candor est enim lucis eterne'.*

Spectabiles patres, Magistri ec. Ceterique viri humanissimi, Considerans eminenciam altissime sapiencie diuinique verbi mente vehementer consternor ad eiusque laudes promulgandas, quas humana mens plene enarrare non sufficit, cum per spiritum sanctum diuinitus efflata est, me insufficientem considero et invtilem laudatorem. Ad laudes enim eius canendas altiloqui vatis Homeri carmen, diua eciam Maronis musa et omnium philosophorum maximorum turba non sufficeret, sed diuino auxiliante praesidio vestigiis meorum praedecessorum inherendo ad laudes tamen eius, quantum valeo, me conuerto. Est enim ipsa inter omnes sciencias nobilitate altissima, fertilitate fructuosissima et equitate firmissima. Est namque sacra scriptura nobilitate altissima, quoniam deifice nos erigit ad superna pro tanto, quia ipsa in excelsis volitando clamat: *Ego in altissimis habito et tronus meus in columpna nubis,* Et *ab inicio et ante secula creata sum et usque ad futurum seculum non desinam et in habitacione sancta coram ipso ministraui ecclesiastici 24.*[7]) Ipsa enim est illa diuina sapiencia, quae animum hominis in celum ipsum excelsum atque sublime suppendit, cuius speciem, candorem, plenitudinem queuis ulla eloquencia complecti possit? Bene quidem diuinus vates[8]) cecinit: *Celi enarrant gloriam dei et opera manuum eius annunciat firmamentum.* Hic in primis quidem incredibilis splendescit ornatus. Emicant stelle, astra refulgent, scintillant sidera, candet lactens orbis, omnia clarissima luce ac splendore complentur, vagancium stellarum 7 globi atque orbes vertuntur, qui omnes certas leges diuersis tamen ipsorum spaciis regencium intelligenciarum impulsu ac ducto certos ratosque conficiunt cursus. Ex his quasi dux quidem ac princeps luminum omnium sol principatum tenet. Qui oriens atque occidens dierum et noctium vicissitudines nunc ad septentrionem nunc ad meridiem cursum inflectens quadripartitas temporum efficit varietates. Luna infimum celi possidet orbem ac terre proximam obtinet regionem. Que quanquam luminare minus appellatus est, radiis tamen solis accenditur. Atque haec duo praecipua luminaria quasi alternatim regnant, vt sol diebus, luna noctibus praesit. Perlustrat et ipsa diuina philosophia alias quandoque vagas stellas, quae a nostris latinis produntur: Infensus Saturnus, salutaris Jupiter, horribilis Mars, splendens Mercurius, alma Venus, quae solem antegrediens Lucifer, subsequens Hesperus appellatur. Sed haec pleraque omnia oculis pervia sunt ac sensibus patent. Empirreum insuper celum ac beatorum domicilium diuina philosophia nobilitate et claritate inextermina-

1) Luc. 18, 40. 2) Joh. 1, 9. 3) Eph. 3, 15. 4) Sap. 9, 4. 5) Alanus, Archithrenius. 5a) Zitat von 33 Versen aus Alan. Anticl. V 9, 13. 6) Sap. 7, 26. 7) Eccli. 24, 7. 14. 8) Ps. 18, 2.

bili transcendit, cuius ineffabilem gloriam nec *oculus vidit nec auris audiuit nec in cor hominis ascendit j. cor. ij.*[1]) Hic locus celestium spirituum, haec inclita sedes altissimi ac semper viuentis dei, haec sacrosancta domus eterni patris, in qua et *mansiones multe sunt Joh. 14.*[2]) Et *in canone in domo de penitencia dis. 4ta*[3]) vbi dicitur, quod *domus dei, templum dei et regnum celorum* est, que et amenissima paradisus est, in qua beati euo immortali ac sempiterno fruuntur, in qua sacra beatissimorum spirituum perennem vitam ac felicissimam degunt, Angeli tuendis hominibus prouecti semper uident faciem patris et in suum creatorem prospiciunt, Archangeli altissimorum misteriorum conscii, virtutes, quorum nutu vel opere ad commouenda mortalium corda signa ac prodigia in terris fiunt, Potestates, quibus adiuuantibus potestas tenebrarum comprimitur, aeris coercetur improbitas, Principatus, quorum moderacione et sapiencia omnis in terris principatus, omnis regendi accio constituitur, dirigitur, gubernatur, commutatur, transfertur. His dominacionum ordo supereminet ac regnat. Ad cuius, ut ita dicam, imperium principatus regimen, potestatum defensio, virtutum operacio, reuelacio archangelorum, angelorum denique cura ac prouidencia referuntur. Alciore ab his Troni euolant recessu summe quietis ac tranquillitatis auctores, Cherubim subsequuntur multis oculis ornati, qui ex ipso inexhausto sapiencie fonte fluenta quedam sciencie haurire non desinunt. Postremo 6 alis Seraphim attolluntur incredibili quodam caritatis ardore conflagrantes. Haec est enim illa diuina sapiencia, quae homines, qui iuste et pie in terris vixerunt, corporeis solutis vinculis beate cum praenarratis sanctorum angelorum choris in celis viuere cum Christoque eternaliter regnare docet, praedicat et clamat dicens eum esse summum opificem, rerum omnium creatorem, mundi tocius principem, cuncta gubernans dominus, ineffabilis deus, qui terram stabili firmitate suspendit, qui celum stellis ornauit, sideribus distinxit, qui solem clarissimum ac singulare lumen rebus humanis accendit, qui terris maria circumfudit, flumina perenni lapsu fluere praecepit,

Iussit et extendi campos, subsidere valles,
Fronde tegi siluas, lapidosos surgere montes.[4])

Hic est bonorum omnium, cunctorum pater luminum, a quo *omne datum optimum ac perfectum donum est Iaco. j.*[5]) et *in canone quampio 2 q. j.*[6]) qui est *lux vera, quae illuminat omnem hominem venientem in hunc mundum Joh. j. capitulo*[7]) et *in canone cleros xxj. d. in fine*[8]), qui est superexcellens summum et incommutabile bonum, principium, vnde omnia, finis, ad quem omnia, *qui* cum beatissimo *Aurelio Augustino*[9]) *intelligi debet sine qualitate bonus, sine quantitate magnus, sine indigencia creator, sine situ praesens, sine habitu omnia continens, sine loco vbique totus, sine tempore sempiternus, sine vlla sui mutacione mutabilia faciens, nihil paciens,* cuius solius potestate ac virtute *ceci vident, surdi audiunt, muti loquuntur, claudi ambulant, leprosi mundantur,* stulti sapiunt, convalescunt egroti, *mortui resurgunt, pauperes ewangelisantur Math. jj.*[10]) Postremo haec est illa diuina sapiencia docens trinum et vnum esse deum, ex quo omnia, in quo omnia, per quem omnia, pater, verbum et spiritus sanctus. Et *hi tres vnum simul prima Joh. ultimo.*[11]) *Et in decretali dampnamus de summa trinitate et fide katholica*[12]) *et in canone in quadam de celebracione missarum,* vbi[13]) dicitur: *Johannes apostolus dicit: tres sunt, qui testimonium dant in celo, pater, verbum et spiritus sanctus.* Per quod ostenditur, quod Christus verus est deus. Contra heresim et errorem Arrianorum, qui dixerunt, sed errauerunt, Christum non fuisse verum deum, sed adoptiuum filium. Et tres sunt, qui testimonium dant in terra, Spiritus, aqua et sanguis. Per quod annunciatur,

1) 1. Cor. 2, 9. 2) Joh. 14, 12. 3) c. 11. D. IV de poen. 4) Ov. Met. I 43. 5) Jac. 1, 17. 6) c. 2. C. I. qu. 2. 7) Joh. 1, 9. c. 1. D. XXI. 8) Decr. P. I. dist. 21. c. 1. 9) Aug. de trin. V 1 (MPL 42 912) 10) Matth. 11, 5. 11) 1. Joh. 5, 8. 12) Decr. Greg. IX. lib. I. tit 1. c. 2. 13) Decr. Greg. IX. lib. III. tit. 41. c. 8.

quod Christus est verus homo contra errorem Manichei, qui Christum non fuisse verum hominum, sed fantasticum impie fingit. Quos errores et omne, quod determinacioni katholice et apostolitati ecclesie contrarium est, sacratissima theologicalis sciencia aperte abiicit et confutat, ut habetur *in canone quid autem 24 q. 3.*[1]) Nihil enim *iniquius est quam sapiencioribus doctoribusque non credere, sed in hanc insipienciam* cadere, quod *ad cognoscendam veritatem non ad propheticas voces, non ad apostolicas literas nec ad ewangelicas auctoritates* neque ad diuinam scripturam, sed ad semetipsos recurrere, *et ideo magistri erroris existunt, eo quod veritatis discipuli non fuerunt.* Qui enim *aliter scripturam sanctam intelligit, quam sensus spiritus sancti flagitat, a quo scripta est, licet de ecclesia non recesserit, tamen hereticus appellari potest. In Canone quid autem*[2]) et *in versu 'hae sunt hereses' c c et q.*[3]) Ex quibus omnibus liquide claret diuinam scripturam esse nobilitate altissimam, fertilitate fructuosissimam et equitate firmissimam. Quapropter non inepte de ea thematice dixi verba videlicet illa: '*Candor enim est lucis eterne.*' Que fuerunt verba thematice proposita.

In quibus quidem verbis taliter introductis secundum materias in libris senteneiarum contentas 4^{or} innuuntur. Primo personarum diuinarum vnitas candide promulgata et ceteris membris praetermissis tamen primo et 2° membris primo et 2° libris sententiis correspondentibus gracia dei iam deductis et quarto tempore suo deo dante deducendo. Dixi 3°, quod in verbis thematis innuitur bonitatis diuine benignitas lucide deincarnata, cum in themate subiungitur '*lucis*'. *Ysa. 9.*[4]) '*Populus, qui ambulat in tenebris, vidit lucem magnam in habitantibus in regione mortis vmbre lux orta est eis.* En est vera lux i. e. Christus, qui *illuminat omnem hominem venientem in hunc mundum Joh. j.*[5]) de qua luce, videlicet Christo, dicitur ad *Galatas 4*^{to}[6]): *Cum venit plenitudo temporis, misit deus filium suum factum ex muliere, factum sub lege, ut eos, qui sub lege erant, redimeret, ut adopcionem filiorum dei reciperemus.* Sed heu multi hanc lucem intueri nolunt *Joh. 3.*[7]) *venit lux in mundum et dilexerunt homines tenebras magis quam lucem.* Idcirco adopcionem filiorum dei non recipiunt, sed solum illi de quibus dicitur. *qui non ex sanguinibus neque ex voluntate carnis neque ex voluntate viri, sed ex deo nati sunt Joh. primo*[8]) *et in canone si quis autem de consecracione d. 4.*[9]) Idcirco *Joh. jj.*[10]) *Si quis ambulat in die* i. e. in claritate virtutum, *non offendit, quia lucem huius mundi* i. e. Christum *videt. Si ambulauerit in nocte* i. e. tenebris viciorum et ignorancie, *offendit, quia lux in eo non est.* Cuius lucis incarnacio, de qua in hoc 3°. quo ad tria describitur. Primo quantum ad incarnacionis misterium cunctis factis excellentissimum, et de hoc tractat magister[11]) a distinccione prima huius 3^{ii} usque ad distinccionem 15. exclusiue. 2° quantum ad diuine passionis supplicium cunctis penis acerbissimum, et de hoc tractat magister[12]) a distinccione 15. usque ad distinccionem 24. exclusiue. 3° quantum ad virtutum et donorum stipendium cunctis bonis desideratissimum, et de hoc tractat magister[13]) a distinccione 24. usque ad finem huius tercii libri. Volentes ergo secure ambulare in hoc mundo, ut possint peruenire ad patriam celestem intueri habeant hanc lucem nobis per incarnacionem ortam clamando cum propheta: *Emitte lucem tuam et veritatem tuam, ipsa me deduxerunt et adduxerunt in montem sanctum tuum et in tabernacula tua*[14]) i. e. ad secreta celorum, ad quae nos ducat idem Ihesus Christus pro nostra salute incarnatus eternaliter benedictus. Amen.

Expedito itaque primo principali huius actus venio nunc ad 2^{m}, videlicet ad breuis quaestionis decisionem cum excusacionis protestacione. Graciose supportatus

---

1) c. 30 C. 24 qu. 3. 2) c. 30 C. 24 qu. 3. 3) c. 39. § 69. 70. 4) Jes. 9, 2. 5) Joh. 1, 9. 6) Gal. 4, 4—5. 7) Joh. 3, 19. 8) Joh. 1, 13. 9) c. 14 D. 4 de cons. 10) Joh. 11, 9—10. 11) Petr. Lomb. sent. III 1—14. 12) sent. III 15—23. 13) III 24—fin. 14) Ps. 42, 3.

de excusacione ante omnia protestor, quod non est intencionis mee in praesenti actu uel in quouis alio per me deo duce in posterum fiendo quitquam asserere, dogmatisare aut pertinaciter defendere, quod sit contra fidem katholicam, sacram scripturam sane intellectam, declaracionem sacrosancte Romane ecclesie, communem intencionem sanctorum doctorum ab ecclesia approbatorum aut contra bonos mores aut quod sit quouismodo piarum aurium offensiuum. Quod si aliquid talium ex mee intelligencie decliuitate, lapsu lingue aut ex mea, quae magis in me viget, ignorancia dixerim, hunc exunc prout extunc et extunc prout exunc reuoco et pro non dicto habere volo, subiicio me semper venerabilium magistrorum meorum pie correccioni ac aliorum omnium emendacioni, quorum interest taliter errantes corrigere et ad viam reducere veritatis. Qua protestacione in actibus theologicis consueta sic praemissa, Quia in hoc 3° libro determinatur de Christi incarnacione et natura humana a verbo assumpta, ideo et gracia huius quaestio decidenda circa principium huius tercii sit hac in forma:

Vtrum natura humana a diuino assumpta supposito, a quo in ipsam plenitudinem spiritualium carismatum credimus deriuari absque gracia uel maiori gracia, quam a verbo assumpta est, assumi potuit et deifice suppositari?

— — —

Die opponierenden Magister sind *Valentinus Falke* und *Heinrich Thime.*

Principium in quartum sententiarum.

Handschrift Nr. 158. Bl. 41ª—43ᵇ.

In nomine domini. Amen.

Principiaturus in quartum librum sentenciarum 4 per ordinem restant facienda. Quorum primum erit diuini nominis invocacio et brevis sacre scripture recommendacio. 2um quaestionis cuiusdam circa quartum librum determinacio, 3um cum magistro mecum concurrenti replicacio et suorum obiectorum contra posicionem meam solucio, Et 4tum graciarum accionum relacio.

Quantum ergo ad primum considero dictum apostolicum, quod *non sumus sufficientes cogitare aliquid a nobis quasi ex nobis, sed sufficiencia nostra a deo est 2. chor. 3.*[1]) Quia, ut ait *Ieronymus contra Iouinianum li.° ij.*[2]) *Nemo suis viribus fortis est, sed dei indulgencia et misericordia tutus est. Ad te* igitur, *domine deus meus, faciem meam conuerto, ad te oculos meos erigo Thob. 3.*[3]) *Scio enim, quod tu, domine, clemens et misericors es, paciens et multe miseracionis et ignoscens super malicia Ione 4.*[4]) Exaudi me palpitantem in his tenebris et mihi dexteram tuam porrige, praetende mihi lumen tuum et reuoca me ab erroribus et respice ad oracionem serui tui. Et dicam cum sapiencie principe *ecclesiastici 23.*[5]) *Deus pater et dominator vite mee,* ne *derelinquas me in consilio impiorum. Domine pater et deus vite mee ne derelinquas me in cogitatu illorum, disperge illos* in virtute tua et depone eos, protector meus domine. *Conuertantur*[6]) *ad vesperam et famem pacienter ut canes et circuibunt ciuitatem. Ego autem cantabo fortitudinem, quia factus es refugium meum.* Et concludam cum eodem sapiente dicenti *sap. ix.*[7]) *Deus patrum meorum et domine misericordie, qui fecisti omnia verbo tuo et sapiencia tua constituisti hominem, ut dominaretur creature tue, quae a te facta est, ut disponat orbem terrarum in equitate et iusticia et in direccione cordis iudicium iudicet, da mihi sedium tuarum assistricem sapienciam et noli me reprobare a seruis tuis, quoniam seruus tuus sum ego,* vt huius 4ti libri sacramenta et misteria vocali sermone taliter pronunciare valeam, quod haec ad tui cedant fructum et laudem sempiternam. Amen.

1) 2. Cor. 3, 5. 2) Hier. ad Iov. II. 3) Thob. 3, 15. 4) Ion. 4, 2. 5) Eccli. 23, 1
6) Ps. 59, 7. 15. 17. 7) Sap. 9, 1—4.

Fulcitus ergo diuino praesidio pro sacre scripture recommendacione et specialiter in hoc 4to libro exarate resumo thema, quo sepius vsus sum in actibus per me factis et specialiter in principio cursus mei et in aliis principiis meis deductum *Sap. 7.*[1]) originaliter scriptum, videlicet '*Candor est enim lucis eterne*'.

Es folgt wiederum eine recommendacio sacrae scripturae. Daran schließt sich eine laudatio der 7 Sakramente.

(44a) Peracto primo venio ad 2um, scilicet ad vnius breuis quaestionis descisionem, Et quia in hoc 4to sentenciarum per longum determinatur de sacramentis et inter sacramenta Eukaristie sacramentum plus difficultatis continere videtur, ideo gracia exercitacionis de hoc benedicto et mirifico sacramento circa hunc 4tum talem sub hac forma moueo quaestionem:

Vtrum facta transsubstanciacione panis in corporis Christi substanciam accidencia remanencia ad subiectum habeant dependenciam.[2])

(45a) Quantum ad ultimum, quod est tocius laboris consummatiuum, videlicet graciarum accio, quae finaliter extat per me suppliciter promulganda, *Tullius*[3]) enim ille eloquencie monarcha *in primo officiorum* ait *nullum enim officium referenda gracia magis est necessarium.* Et vere sic necessarium, vt recte illum stultum dixeris, inhumanum, agrestem et barbarum, qui nec graciam habet nec beneficiorum vices recompensat. Et quando omnibus debitor factus sum, omnibus gracias refero. Et primo omnium creatori deo meo, cui dico[4]): *Imperium tibi sit, tibi laus, rex Christe, redemptor Gloria, maiestas, laus, diadema, decus Vnus in vsia, personis trinus in vno.* Sicque praecelse genetrici virgini Marie gracias ago. Haec namque porta est[5]), *sine qua non itur ad astra Ortus conclusus, fons signatus(que), oliua Fructificans, cedrus redolens, paradisus amenus Nescia spineti rosa florens, nescia culpe Spes miseris, medicina reis, tutela beatis Huius ab imperio celestis curia pendet.* Cum qua celesti curia gloriam et honorem dabo sedenti super tronum, viuenti in secula seculorum. *Hi*[6]) *ciues habitant superni regis in orbe Ciuibus his seruanda datur res publica celi,* quorum gracia, auxilio et precibus laborem tam grandem usque ad optata perduxi. Deinde descendens ad inferiora, Si *enim in eos, quos speramus nobis profuturos, non dubitamus officia conferre, quales in eos esse debemus, qui iam profuerunt,* inquit *Cicero.*[7]) Regracior igitur clarissimis et eximiis sacrarum literarum et diuini iuris professoribus absentibus tamquam praesentibus, qui semper singularissimis fauoribus et auxiliis meam personam pusillam piissime respexerunt, faxit deus, ut pro tantis beneuolenciis parem aliquando possem rependere vicem. Verumtamen vbi retribucio non habetur humana, copiosior diuina invenitur. Domino decano, si praesens fuerit. Postremo regracior venerabilibus magistris et dominis sacre theologie baccalariis formatis et non formatis ac doctissimis dominis et magistris viris humanissimis, qui meam insufficienciam et impericiam pacienter vltra duos annos diligenter audiendo tollerauerunt. Ad quorum omnium mandata offero me in similibus et maioribus perpetuo euo obligatum.

Conclusio librorum sentenciarum.[8])

Handschrift Nr. 158. Bl. 51a—51b.

In nomine patris et filii et spiritus sancti. Amen. *Math. ult.*[9]) Lecturus iuxta morem facultatis theologice Alme vniuersitatis Studii lipczensis pro finali librorum sentenciarum conclusione tria occurrunt facienda. Primo Epilogum magistri declarabo, 2° quaestionem vnam declarabo, et 3° praemissis solucionibus argumentorum

1) Sap. 7, 26. 2) Der opponierende Magister ist Heinrich Thime. 3) Cic. off. I 15, 47. 4) versus? 5) Alan. Anticl. V 9, 20/21. 24. 26. 45. 6) versus? 7) Cic. off. I 25, 48. 8) Von Zarncke, Die urkundlichen Quellen zur Geschichte der Univ. Leipzig. S. 729 irrtümlich für eine 'disputatio de pedibus' gehalten. 9) Matth. 28, 19.

contra determinata magistrorum meorum mecum concurrencium replicabo, quibus omnibus determinatis graciarum acciones finaliter promulgabo.

Quantum ad primum sequitur textus: *Hec de pedibus sedentis super solium excelsum, quos seraphim duabus alis velabat scriptori, et si non auditori, commemorasse sufficit, qui a facie exorsus sedentis per media ad pedes usque via duce pervenit.* Ista est 3ª pars et ultima huius libri et est Epilogus, in qua parte magister epilogando recapitulat materias omnium 4 librorum. Et dividitur in duas partes. Quia primo magister seipsum humiliat et auditorem illius sciencie praefert et eleuat. 2° materiam illorum librorum tangendo recapitulat ibi: *qui a facie exorsus sedentis.* Et haec pars in 4^or^ diuiditur partes, quia primo magister tangit materiam primi libri, cum dicit: *qui*, scilicet scriptor, *exorsus est* i. e. incepit *a facie sedentis.* Per sedentem enim intelligit ipsum deum, ut patet ex textu immediate praecedenti *ys. 6*^to^[1]) vbi dicitur: *Vidi dominum sedentem super solium excelsum et eleuatum.* Per *faciem* autem intelligit ea, quae conveniunt deo ab intra racione sue deitatis, de quibus specialiter tractatur in primo libro. Vnde moyses desiderans illa intima dei videre, dixit ipsi deo: '*Si ergo inveni graciam in oculis tuis, ostende mihi faciem tuam*', ut habetur *Exod. 33.*[2]) 2° tangit materiam 2° libri, cum dicit: *per media* i. e. per creaturas. Creature enim, de quibus tractatur in 2° libro, sunt quaequae media ad cognoscendum ea, quae deo conveniunt ad intra, quia ut ait apostolus: *Invisibilia dei per ea, quae facta sunt, intellecta conspiciuntur, sempiterna quoque virtus eius et diuinitas ad roma primo.*[3]) Materiam vero 3^ii^ libri tangit, cum dicit: *via duce.* In 3° enim libro determinatur et domino nostro Ihesu Christo, qui ait de seipso *Joh. 14.*[4]) *Ego sum via, veritas et vita.* Sed materiam 4^ti^ libri tangitur, cum ait *ad pedes.* Omnia enim, quae tractantur in 4to libro, videntur ordinari ad ea, quae fiunt in extremo iudicio. In 4to nempe libro determinatur de penis dampnatorum, gloria beatorum et de extremo iudicio. Quod quidem iudicium per pedes sedentis in trono merito significatur eo, quod in ipso tanquam in parte extrema totum praesens seculum finitur et terminatur. Hi autem pedes cherubin alis perhibentur esse velati i. e. absconditi, quia a plenitudine sciencie, quae cherubin interpretatur, omnes homines puri respectu istorum pedum videntur omnino deficere. De hora enim illa, scilicet de hora iudicii nemo scit, ut ait saluator *math. 24.*[5]) *et marc. 13.*[6]) Et numeraliter iste ale debent esse due, quia respectu praedicte hore intellectus humanus deficit, non solum quoad naturalem cognicionem, sed eciam quoad supernaturalem reuelacionem ex hoc, quod nulli puro homini creditur reuelata. Et quamuis litera magistri breuis sit in verbis, est tamen in sentencia lata et difficilis. Dicit ergo sic magister, quod sibi, scilicet magistro Petro sufficit commemorasse i. e. scripsisse supra tanta de pedibus sedentis super solium excelsum i. e. de extremo iudicio, ut patet in litera in distinccionibus 4^ti^ prope finem, vbi determinatur de statu beatorum et dampnatorum post extremum iudicium, qui status dicuntur pedes eo quod sunt posteriora respectu aliorum, sicut pedes sunt ultime partes descendendo a capite, quos scilicet pedes seraphin velabant duabus alis, Et dicit magister, quod a facie per media usque ad pedes peruenit via duce i. e. Christo ducente, qui est *via, veritas et vita Ioh. 14.*[7]) Est enim via in exemplo, veritas in documento et vita in praemio. Ex quibus omnibus patet luce clarius, quod magister in isto Epilogo tangit breuiter sub verbis figuratis diuinarum personarum emanacionem, de qua locutus est in primo, rerum creatarum de nichilo faccionem, de qua disseruit in 2°, incarnati verbi suam condescensionem, et hoc in 3°, lapsi hominis sacramentalem curacionem, et hoc in 4to libro et vltimo. Vnde ista librorum quaternitas magistri per me taliter qualiter lectorum in 4^or^ ewangelistis est fundata atque materia illorum 4 libro-

---

1) Jes. 6, 1. 2) 2. Mos. 33, 13. 3) Rom. 1, 20. 4) Joh. 14, 6. 5) Matth. 24, 36. 6) Marc. 13, 32. 7) Joh. 14, 6.

rum per 4 doctores roborata, per 4 canonicas epistolas approbata ac finaliter in 4 principalibus prophetis expresse designata. Quare non immerito figuratur per 4 vectes arche dei, de quibus *Exo. 37.*[1]) quia in ipsis velut in archa continetur lex dei, quae est lex immaculata conuertens animas *ps. 18.*[2]) Sunt eciam velut 4 Ianitores ostiorum domus dei *1. paralip. ix.*[3]) domum mundam tenentes, ne defedetur per heresiarchas, *qui sunt lupi rapaces math. 7.*[4]) sunt eciam velut 4 moenia terre, que sunt sapienciora sapientibus *prouer. ix.*[5]) sunt velut 4 fabri, qui deiecerunt 4 cornua gencium et edificauerunt ciuitatem dei *Zach. 6.*[6]) sunt eciam velut *ordines lapidum*, in quibus magnalia potentum erant sculpta *Exo. 28.*[7]) Quapropter ex scripturis vtriusque testamenti egrediuntur velut 4 quadrige de medio duorum moncium eneorum *Zach. 6.*[8]) In prima erant equi rubei designantes ardorem caritatis in diuinis personis, quoad primum librum, in 2ª erant equi albi designantes racionalis creature puritatem, in qua fuit creata, et hoc quod ad 2um, in 3ª erant equi nigri designantes austeritatem et acerbitatem mortis Christi, et hoc in 3°, in 4ª fuerunt equi varii designantes in sacramentis gracie multiformitatem. Quamobrem merito finaliter possunt figurari 4or libri magistri sentenciarum per illa 4 flumina *egrediencia de loco voluptatis* irrigancia vniuersum mundum *Gen. 2°.*[9]) *Scientes igitur venite ad aquas illarum materiarum Isa. 55.*[10]) Quia *qui bibit ex hac aqua, fiet in eo fons salientis in vitam eternam Ioh. 4.*[11]) quam nobis eiusdem vite liberalis collator dominus Ihesus, qui incepit facere et docere, concedat, qui cum patre et spiritu sancto eternaliter in trinitate perfecta viuit et regnat deus. Amen.

Die quaestio und die graciarum actio fehlen (vgl. Bl. 65ª).

Promotio doctoris theologiae.

Handschrift Nr. 866 Bl. 263ᵇ—274ª.

Sequitur quaestio disputata per magistrum Johannem weicker de Roemhilt in vesperiis pro magistro stephano de prettin Anno domini 1440 vicesima sexta die mensis augusti.

In nomine patris et filii et spiritus sancti. Amen. In presenti actu diuino cum auxilio quatuor principaliter sunt facienda. Primo enim quedam quaestio pro honore domini licenciati et vesperiandi per me est disputanda et hoc maxime, vt cetus magistrorum, doctorum ac praelatorum aliorumque tam graduatorum quam simplicium interesse volencium congregetur plenius. 2° alia quedam quaestio cum terminorum ipsius declaracione sensuumque plurium enucliacione ac racionum instanciis domino vesperiando est proponenda, quatenus per eundem veritas ipsius determinetur lucidius. Et 3° breuis eiusdem domini vesperiandi annectenda et recommendacio, vt ipsius honor et gloria aliis insinuetur manifestius. Sed et 4° referende sunt graciarum acciones permaxime, quatenus ingratitudo, que vicium est pessimum, euitetur diligencius, quibus expeditis praesens terminabitur actus.

Quantum igitur ad primum quaestio principalis, vt dixi, disputanda est ista: *Utrum inter sacramenta noue legis baptismus sit prior ordine et dignitate.* — — —

Expeditis duobus primis restat aggredi tercium, quod videlicet est dominum et magistrum vesperiandum aliqualiter recommendare. Et quia audistis modo et prius eciam ante tempora longiora, quam laudabiliter et gloriose in arduis praesentibus atque praeteritis determinando et respondendo egit, quorum intuitu merito laudandus ac extollendus hodie in medium venit et cunctipotenti fauente feria tercia proxima aulandus birretandusque siue magistrali dignitate in sacra theologia et hoc in ecclesia sancti nicolai in principio hore septime veniet coronandus, Possem

1) 2. Mos. 37, 13. 2) Ps. 18, 8. 3) 1. Paral. 9, 23. 4) Matth. 7, 15. 5) Prov. 9, 3. 6) Sach. 6, 10. 7) 2. Mos. 28, 17. 8) Sach. 6, 1. 9) Gen. 2, 10. 10) Jes. 55, 1. 11) Joh. 4, 14.

tamen causas aliquas hic adducere, quare modo temporis ex qualitate ac aliis pluribus non esset praeconisandus, sed breuitatis causa et ne ipse fortassis offenderetur ac facultatis theologice ordinacio per me transgrederetur, que scilicet theologica facultas mater mea racionali statuto viros gloriosos scienciarum titulis insignitos statuit et ordinauit laudum praeconiis glorificare, Ad hoc mota dicto sapientis *Ecc. 44.*[1]) dicentis *laudemus viros gloriosos*, homines magnos virtute et prudencia sua preditos in virtute pulchritudinis studium habentes Ac ideo dicto *prouer. 28. Qui sapienter graditur, laudabitur.* Et *prouer. 13.*[2]) *Qui graditur cum sapientibus, sapiens erit.* Et similiter intelligi glosa[3]) dicit. Quibus consonat *Oracius li. suo epistolarum*[4]) dicens: *Bonum est bonos laudare.* Unde et moralissimus *Seneca epistolarum suarum 52.*[5]) inquit: *Laudacio aliquid affert exhortacionis ipsis audientibus et adolescencium animos stimulat* ad virtutes. Cum ergo ex iniuncto ipsum dominum vesperiandum laudare debeam, certum mihi momentum assumam, quatenus in his, que laude digna sunt, in se et in aliis proficiat. Et ut alii ad laudabilia excitati ac animati fiducialiter consurgunt, quod si ea, que dicuntur, consciencia teste in se non conprehenderit, in se ipso non confundatur coneturque totis nisibus, ut ipsa acquirat. Ad cuiusuis quidem videlicet huius tercii praesentis actus principalis, vt dixi, execucionem pro themate assumam verbum ewangelicum vestris reuerenciis proponendum, scilicet: *Beati oculi, qui vident, que vos videtis.*[6])

Ita scribitur *luce x. capitulo* originaliter et est lectum incurrentis dominice missali officio leccionaliter atque pro honore et recommendacione domini vesperiandi hic modo recitatiue proponitur et collacionatur. Venerabiles patres, magistri, doctores ceterique singuli domini praestantissimi, Consideranti michi genera visionis reperio secundum b. *Augustinum in libro de spiritu et anima*[7]) *tria* fore *manifesta visionum genera, primum* scilicet *corporale, quo per corporis sensum* omnia *senciuntur corporalia, 2*^m *spirituale, quo corporum similitudines spiritu et mente cernuntur, 3*^m *intellectuale, quo ille res, quae nec corpora* sunt nec corporibus conspiciuntur. Tali enim *intellectuali visione* oculus *nunquam fallitur,* quia *aut enim intelligit verum et est aut, si non est, non intelligit. In visione* vero *corporali sepe anima fallitur.* Nam in aquis *nauigantibus videntur in terra moueri, que* tamen *stant* et non mouentur. *Et intuentibus videtur celum stare, quod tamen movetur. In visione spirituali similiter sepe anima fallitur et deluditur, quia ea, quae videt,* vt sunt *aliquando vera, quandoque falsa,* sepe *turbativa* et *aliquando tranquilla, sunt* eciam quandoque operta, aliquando nuda, quandoque *obscuris* sermonibus *et quasi figuratis locucionibus praenunciata sunt.* Et quia *beatitudo* secundum *Boetium 3° de consolacione prosa 2.*[8]) *est status omnium bonorum aggregacione perfectus,* tunc beatitudo vera perfecta et permanens non potest haberi in hac vita. Et ergo nec oculi beati ex visione vere possunt dici corporali nec et spirituali, ymmo nec eciam intellectuali, sed tantum in vita eterna et futura. Et nimirum quia hec *beatitudo tanta est* secundun b. *Augustinum*[9]), *quod omnes aritmetrici nequeunt numerare, omnes geometrici non possunt mensurare neque omnes grammatici, loyci et rhetorici valent explicare.* Et quanquam sic sit, quod oculi mentis scilicet intellectus et affectus non possint hic esse beati vere, possunt tamen beati esse antecedenter videntes hic scilicet per fidem tamquam *per speculum et in enigmate*[10]), sicuti vult b. *Augustinus in libro de videndo domino*[11]) sic inquiens. *Primum nobis ista visio fidei seruatur, que est per speculum et in enigmate, deinde alia visio sequetur,* de qua *Johannes* in sua *canonica prima c. 3.*[12]) ait: *Cum apparuerit, similes ei erimus, quoniam videbimus eum, sicuti est,* scilicet facie ad faciem. Facies domini eius plena manifestatio est intelligenda, de qua

1) Eccli. 44, 1. 2) Prov. 28, 26. 13, 20. 3) glossa. 4) [*Hor. epist.] 5) Sen. epist. mor. V 12, 14 (52). 6) Luc. 10, 23. 7) Aug. de spir. et an. (MPL 40 1163 C). 8) Boeth. phil. cons. III 2. 9) Aug.? 10) 1. Kor. 13, 12. 11) Aug. ep. 147 (MPL 33 737 B). 12) 1. Joh. 3, 2.

propheta *in ps. 16.*[1]) dicit: *Saciabor, cum apparuerit gloria tua.* Cui eciam consonat b. *Augustinus in epistola ad Ytaliam*[2]) dicens: *Scimus cum apparuerit deus, similes ei erimus, quoniam videbimus eum, sicuti est. In tantum ergo videbimus, in quantum similes ei erimus.* Nusquam enim secundum b. *Augustinum in libro de trinitate*[3]) humano visu videri potest deus, sed eo visu videtur, quo iam, qui vident non homines, sed qui vltra homines sunt. Secundum ergo quod homines vtuntur mentis sue visione bono fine, plus participes erunt beatitudinis eterne et econuerso testante *Ysidoro in libro de summo bono*[4]) sic inquiente: *Quicunque nunc in praesenti mentis sue destituitur visione, a visione alienus erit beatitudinis sempiterne.* Volens ergo oculos habere beatos hic antecedenter et in futura vita viuendo eternaliter. Dixi primo, quod habere volens oculos hic beatos antecedenter et in futura vita luculenter debet hic in vita videre seipsum frequenter tamquam fragilem animam habentem et hoc ad luendum scilicet conscienciam suam discuciendo. Et vere hec visio inter omnes alias ad eternam beatitudinem antecedenter est necessaria. Nam sicut inicium sanitatis est morbi cognicio, ita et inicium salutis humane est cognicio delicti, propter quod dicitur anime peccatrici *Jer. iij.*[5]) *Leua oculos tuos in directum et vide.* Leuare quidem debet quilibet hic in via existens oculos, quos prius habuit excecatos, clausos et sompno peccati deditos et proprios, non alienos, non tantum vnum, sed ambos, vt cercius videat, senciat et decernat, et hoc in directum et non in obliquum, ut Strabo, vt certe aduertat culpe quantitatem, offense grauitatem noxeque feditatem. Nonnulli namque sunt peccatum oblique et non recte, omnem circumstanciam peccati secundum quantitatem et magnitudinem ipsius discernentes. Ita quod magna peccata videntur eis parua, quia longe ac oblique vident, ergo corruunt. Necessarium est ergo, ut quilibet videat, hoc est: diligenter attendat, vbi per peccatum natura prostrata sit, non ad celum erecta, quia lapsa, deuicta et viliter conculcata ab altitudine status in locum magni horroris, magni fetoris atque magni pudoris, vbi erit peccatori verecundia coram deo, angelis et toto mundo, si penitenciam non egerit prostrata. Et cum nichil videatur in tenebris, sed ad videndum requiritur diffusio luminis oculum illustrantis, vt habetur *libro primo sciencie perspectiue*[6]) et *2° de anima*[7]), tunc praedicta et his similia videre nullus poterit nisi lumen oculum illustrantis intellectus affuerit, quod lumen ipsa sacra scriptura, que lumen congrue dicitur eo, quod ipsa incommutabile est lumen non corporale, sed spirituale secundum b. *Augustinum primo libro de trinitate capitulo 3.*[8]) *Illuminans omnem hominem venientem in hunc mundum Jo. primo.*[9]) Ipsa enim secundum *Gregorium 2°. moralium*[10]) *feda nostra et pulcra conspicimus. Ibi sentimus, quantum proficimus.* Ibidem profecto quantum discamus, inspicimus. Ipsa enim sacra scriptura secundum *Senecam epistola 88. ad Lucillum*[11]) sanctum ad beatum ducit, vias aperit, quid bonum, quid malum ostendit, vanitatem exuit, mentibus solitudinem magnam confert, inflatum reprimit, quid sint dii qualesque, declarat, quid agant, quidque velint, demonstrat. Et subdit: Non, inquiens, de illa philosophia loquor, que extra patriam mundum posuit virtutemque donauit voluptati, sed de illa, que nullum bonum putat nisi honestum, que hominis nec fortune muneribus deletur etc. Et cum tanta sit excellencia illius luminis, videlicet sacre scripture, quod per ipsum homo sic seipsum ac defectus suos videre poterit, patet, quod sciencias alias mirabiliter excellit. Excellit namque alias sciencias in ordinacione, in splendore et praestancior est in remuneracione. De primo scribitur *prouer. 8.*[12]) *Ab eterno ordinata sum et ex antiquis, antequam terra fieret,* de 2° *Judith x.*[13]) *Ornamentis suis ornauit se. Cui dominus eciam contulit splendorem,* de 3° *prouer. 8.*[14])

1) Ps. 17, 15. 2) Aug. ep. ad It. (MPL 33 341 C). 3) Aug. de trin. I 1. 4) Isid. sent. III? 5) Jer. 3, 2. 6) = Joh. Pisanus, perspectiva communis I. 7) Arist. de an. II. 8) Aug. de trin. I 1—3 (MPL 43 1153) 9) Joh. 1, 9. 10) Greg. mor. II c. I (M 75 37). 11) cf. Sen. ep. 88. 12) Prov. 8, 23. 13) Judith 10, 3. 4. 14) Prov. 8, 19.

Melior est fructus meus auro et lapide precioso. Et ad propositum nostrum praesertim ipsa prae aliis scienciis est praestancior in remuneracione, quia, ut pretactum est, hominem seipsum cognoscere docet. Similiter *ipsa est, que peccata purgat. Tob. xij.*[1]) Sane per ipsam eciam sacram scripturam nedum peccata purgantur, ymmo virtutes augentur et mens omnium spiritualium carismatum habundancius inpinguatur teste *Petro Blesensi super Job*[2]) sic dicente: Sacra scriptura *condescendit necessitatibus pauperum, anxietatibus oppressorum, turbacionibus tristium* et *culpis delinquencium, suauissima est perfectis, conpaciens inperfectis, mediocribus mitis, tollerabilis delicatis, forcioribus sufficiens, moderata infirmis, humilibus blanda, peccatoribus misericors, peruersis seuera* et *bonis optima*, vt non in merita ipsa dicat illud *Jer. 33.*[3]) *Emundabo illos ab omni iniquitate.* Et quilibet ipsius insistens studio dicere poterit confidenter cum propheta: *Inmaculatus ero* scilicet per ipsam *et emundabor a delicto maximo ps. 18.*[4]) Et hoc ideo, quia ipsa docet, qualiter me ipsum cognoscere debeo. Quapropter *Crisostomus super illo luce xiiij.*[5]) scilicet *Misit seruum suum hora cene dicere inuitatis, vt venirent, quia parata sunt omnia* etc.[6]) sic inquit: *In scripturis enim sacris ignorans inuenit, quid discat, contumax, quid timeat, laborans praemia, pusillanimes et mediocres iusticie cibum, qui et si pingwem non faciant, animam mori tamen fame non permittunt. Qui eciam magni animi, inuenit ibi spirituales escas, que ducunt eum prope ad angelicam naturam. Qui vero est a dyabolo vulneratus, inuenit ibi cibos medicinales et salutem per penitenciam.* Hec ille. Si eciam homo fuerit defectuosus in pulchritudine siue decore, audiet sapientem *sap. v.*[7]) dicentem. Quod sancti hac sapiencia illustrati *accipient regnum decoris et dyadema speciei de manu domini*, vnde ipse sapiens praeposuit ipsam regnis et sedibus et diuicias nichil esse dixit in comparacione illius, *quoniam omne aurum in conparacione ipsius arena est exigua et tamquam lutum estimabitur in conspectu illius sap. vij.*[8]) Beatus ergo homo, quem tu lumen sacratissimum erudieris et de lege tua docueris. Non sophisticas regulas neque poeticas fabulas, non ciceristicos colores, quoniam ex his increpatus fuerat ab angelo b. *Ieronymus*[9]), sicuti ipsemet testatur ex eo, quod sepe Cyceronem legebat, vnde ei dictum est ab angelo: *Cyceronicus es, non Christianus.*

Quas vtilitates huius luminis, scilicet sacre scripture, noster dominus vesperiandus vt seipsum videret et oculos beatos haberet, hic in via antecedenter atque in futura patria luculenter diligenter vidit debitoque ordine se ipsi applicavit. Nam longis temporibus non modicis laboribus, ymmo interdum tempore iuuentutis erumpnis et magnis paupertatibus rudimenta in variis locis et partibus acquisiuit. Deinde huius sacrate sciencie praxim siue predicacionem nimio zelo affectans intempestiue ordines sacros et sacerdocium assumpsit officiumque praedicacionis per plures annos in diuersisque locis satis incaute, non tamen, ut spero, ex praesumpcione, sed pocius compulsus necessitate exercuit. Sicque plus ac plus se recolligens se minorem annorum fore in presbyterum promotum reperiens tactus penitencia racioneque suadente sedem apostolicam confidenter adiit et super his dispensacionem graciose obtinuit. Reuersus tandem ad patriam almam nostram vniuersitatem accessit, studiose magisterium in artibus gradatim ascendit. In quo se exercendo licet in breuibus temporibus, ne sibi desidia et negligencia inputarentur, his facultatis arcium prae aliis decanatum obtinuit et sine suo dampno et praeiudicio decenter rexit plurium murmur et contradiccionem aliisque non obstantibus quibusdam. Nunquam tamen studium sciencie deferens veritatis sacre, videlicet huius sciencie theologie. In qua tandem ad cursum ascendens atque sentencias legens et rite licenciam in ipsa tercio nunc medio anno et citra elapsis obtinuit. Ex quibus modo vesperari racionabiliter

1) Tob. 12, 9. 2) Petr. Bles. com. in Job (MPL 207 816 B). 3) Jer. 33, 8. 4) Ps. 19, 14. 5) Chrys. serm. (sup. Luc. 14, 17). 6) Luc. 14, 17. 7) Sap. 5, 17. 8) Sap. 7, 9. 9) Hier. ep. XXII (MPL 22 416).

meruit et hoc non alio fine nisi ut seipsum cognosceret et inantea forcius per studium maxime theologie sacre ad proximos vere et perfeccius conuerteret, vnde dicit *Petrus in itinerario Clementis*[1]) *Signum conuersionis perfecte est trahere propinquos et amicos ad similem vitam spiritualem,* qua homo viuit. communicare eciam alteri thesaurum spiritualem inuentum, signum est vere fraternitatis et dileccionis, vnde *Crisostomus*[2]) *super Joannem*[3]) inquit: *Non tenuit Andreas aput se thesaurum,* scilicet Christum inuentum, *sed festinus accurrit ad Petrum, dixit: Inuenimus messiam. Hoc enim fraterne voluntatis, hoc cognati amoris, hoc sincere dileccionis est in spiritualibus studere manum porrigere.* Et b. *Thomas*[4]) ad hoc inquit: *Studia ad quid dirigi debeant? debent dirigi omnes questiones nostre et omnia studia nostra, vt sciamus habitaculum Christi et ibi habitemus cum eo.* O quam felicem diem et quam beatam noctem ducunt isti magistri et doctores, qui in et ex suis studiis atque doctrinis habent hospicium, consorcium et colloquium Christi. Vnde secundum *Hugonem*[5]), quit sit studium: *Studium est assidua ac sagax retraccio cogitacionis aliquid inuolutum explicare nitens uel scrutans occultum penetrare,* vnde dicitur communiter: Studium est vehemens animi applicacio ad inueniendum, declarandum, roborandum uel defendendum veritatem. Est autem praesens vniuersitas lipczensis alma inmani studio praedita, cum in ea sit confirmatum arcium liberalium studium ac corporalis et necessarie studium medicine, iuris pontificii et sacrorum canonum atque sacre theologie. Insuper cum superaddito studio legis ciuilis et legum imperialium, sicuti luculenter et clare in bulla[6]) huius vniuersitatis creacionis et confirmacionis expresse continetur et habetur. Ita quod nichil sit cuiuscunque alterius vniuersitatis, quod huic deficiat, sicuti studium ciuilis legis abfuit quondam pragensi vniuersitati. Racionabiliter autem gympnasia siue studia sapiencie generalia et publica ex dei prouidencia et apud gentiles et apud Christianos fuerunt et sunt introducta. Apud gentiles quidem quia sciencie seculares, que ex eorum studiis publicis peruenerunt vtiles in futurum erant Christianis et hoc quantum pro nunc sufficit. Primo quia fideles nunc per sciencias humanitus inuentas cognoscunt causas, condiciones et naturas operum dei et ex hoc consurgere habent in ipsius laudem atque dileccionem. Qui enim non nouit subtilitatem artificii in natura, modo et ordine, subtilitatem artificis nequit uel non tantum poterit magnificare. Ob quod dicit propheta[7]): *Bonum est confiteri domino.* Et post pauca subditur racio illius, dicens: *quia delectasti me, domine, in factura tua et in operibus manuum tuarum exultabo, quam magnificata sunt opera tua, domine ps. 91.*[8]) Secundo quia fideles per huiusmodi sciencias deprehendunt, quantum inquisicio humana potuit in cognicionem dei ex creaturis ascendere et quantum potuerit cognicioni appropinquare supernaturali et illuminacioni fidei. Et ex hoc videant, quomodo et quam necessarium fuerit ad salutem eorum desuper fieri illuminaciones, vnde *sap. 4.*[9]) dicitur: *Difficilia estimamus, que in terra sunt, que in celis sunt, quis inuestigabit, sensum tuum quis sciet, nisi tu dederis sapienciam et miseris spiritum sanctum tuum de altissimis?*[10]) Tercio quia Christianus istis scienciis se disponit et abilitat accuendo suum ingenium ad perfeccius intelligendum et apcius defendendum ea, que fides saluberrima Christiane religionis tradidit credenda, vt prouerbialiter dicitur et experimentaliter comperitur. Quanto alcior philosophus, tanto melior theologus. Et *Beda* dicit *super librum Regum*[11]): *Turbat animum legencium et deficere cogit, qui eos a legendis secularibus libris omnimodo estimat prohibendos.* Et *glosa*[12]) super illo verbo *1. Regum 13.*[13]) *Fabriferrarius non inueniebatur in omni terra israel* dicit: *Pagani prohibuerunt, ne*

1) Petr. Blesensis itin. Clem.? 2) Joh. 1, 42. 3) Chrys. hom. in Joh. XIX 1 (MPL 459 121). 4) *Thomas cf. summa theol. 1 2ª q. 63 art. 4. 5) Hugo = Thomas Hibernicus manipulus florum ed. Venet. fol. 248. 6) Cod. dipl. II 11 2 30 ff. 7) Ps. 92, 2. 8) Ps. 92, 4. 5. 9) Sap. 9, 16. 17. 10) Beda = Decr. Grat. I D. 37 c. 8 (MPL 187 204). 11) 1. Reg. 13, 19. 12) Nicolaus de Lyra, postillae. 13) 1. Reg. 13, 19.

Christiani liberalibus imbuerentur artibus. Apud igitur fideles, quia nisi studia publica conseruarentur, cito fides rudesceret Christiana, vt patet eciam ex racione 3ª praehabita, Et errores falseque supersticiones multo amplius inualescerent. Vnde *Ysydorus vj. libro ethicorum capitulo 18.*[1]) *In annis,* inquit, *praecedentibus Constantini persecucione fauente docendarum plebium facultas minime dabatur; inde Christianitas in diuersas hereses scissa est, quia non erat epicopis licencia conveniendi in vnum.* Ex hoc est, quod heretici detestantur concilia generalia atque studia talia. Et dato quod omnis clericus studio suo, quantum posset, insisteret in partibus. Ad huc melius est tamen esse studia publica et conuentus generales magistrorum et studencium cum primo propter maiorem auctoritatem et approbacionem literatorum, Sicut apostolus Paulus, licet adeo sufficientissime edoctus, adhuc tamen *ascendit ierosolimam* videre *Petrum* et *Jacobum* et contulit cum illis ewangelium *gal. ij.*[2]) Et *glosa*[3]) questionem in libro ewangelii *Ipsa collacio vnam doctrine speciem excussa omni lepre varietate monstrauit, vt igitur apostoli praedicacio ab omni corrupcionis lepra libera monstraretur, cum aliis apostolis contulit ewangelium.* Item idem *Augustinus contra Faustum*[4]), aliter enim non crederet ecclesia ei, qui non fuerat cum domino. Tum 2° propter celeriorem instruccionem plurium, quia multitudo sapientum sanitas est terrarum *sap. vj.*[5]) Et salus, vbi multa consilia *prouerb. xj.*[6]) Ecclesiasticus enim doctor non solum sibi, sed et aliis scribendo prodest etc. Tum 3° propter maiorem exercitacionem addiscencium et pleniorem digestionem ac discussionem dubiorum. *Ferrum enim ferro acuitur. Et homo exacuit faciem amici sui prouerb. 27.*[7]) Ideo dicit *Ysidorus 3° de summo bono*[8])*: Melius est* conferre *quam legere.* Tum 4° propter maius et forcius augmentum sapiencie in concursu multorum studencium et docencium verbi gracia in simile Mille apes per estatem simul laborantes plus de melle comportant, quam si quilibet diuisim laborasset, ymmo diuisim multe perissent neque aliquam prouisionem facere valuissent. Similiter est de hominibus pollitice congregatis, quorum quilibet melius et laucius viuit, quam si quilibet solitarie viuendo necessaria requireret prouidendo. Ex istis racionibus posset querere aliquis: Ex quo studia generalia tam sunt vtilia, vtrum aliquis teneatur dimittere studium theologie, eciam si sit aptus ad docendum alios ad hoc, quod intendat saluti animarum? Ad hoc respondet *Thomas in primo quolibet* dubio *14 d.*[9]) *In omni artificio* pocior *est architector, quam aliquis manualis, qui opera exequitur secundum quod ei ab alio disponitur. In edificio autem spirituali sunt quasi manuales operarii, qui particulariter insistunt cure animarum* utputa *sacramenta ministrando uel aliquod huiusmodi particulariter agendo. Sed quasi artifices principales sunt episcopi, qui imperant et disponunt, qualiter praedicti suum officium debeant exequi, propter quod et episcopi* et *superintendentes dicuntur.* Suo modo sacre *theologie* professores siue *doctores sunt quasi principales artifices, qui inquirunt et docent,* quomodo et *qualiter alii debeant animarum salutem procurare. Simpliciter ergo melius est doctrinam sacram docere et magis meritorium, si bona* saltem *agatur intensione, quam inpendere particularem curam saluti huius et illius, vnde apostolus de se dicit j. cor. j.*[10]) *Non enim misit me Christus baptisare, sed ewangelisare, quamuis baptisare sit opus maxime conferens animarum saluti. Et 2ª. thi. 2.*[11]) *dicit: Que audisti a me per multos testes,* haec quidem *fidelibus hominibus, qui ydonei erunt et alios docere. Ipsa enim racio demonstrat, quod melius est erudire de pertinentibus ad salutem eos, qui in se et in aliis proficere possunt, quam simplices, qui in se tantum proficere possunt.* Hec eciam responsio sancti Thome sequitur ex tribus praecedentibus racionibus. Tum 5°. propter liberiorem exercitacionem in studio ex remocione multorum, qne impediunt studium sapiencie proprima in propria, vt sunt

1) Isid. etym. VI 16, 2. 2) Gal. II 1. 9. 3) glossa. 4) Aug. contra Faust. (MPL 41 313). 5) Sap. 6, 26. 6) Prov. 11, 14. 7) Prov. 27, 17. 8) Isid. sent. III (MPL 83 679). 9) Thomas quol. I 14. 10) 1. Cor. 1, 17. 11) 2. Tim. 2, 2.

voluptas, habundancia proprie patrie, familiaritatis, parentum et amicorum, vnde *Tulius in libro de senectute*[1]) *Nullam* sane inquit peyorem *pestem quam voluptatem corporis. Cumque deus homini nihil mente praestancius dedisset, huic diuino muneri nichil tam inimicum esse quam voluptatem* corporalem *neque in voluptatis regno virtutem posse consistere.* Et si ipsa diu perseuerat, omne animi lumen extingwit. *Venus enim furatur intellectum spisse sapientis vij ethicorum*[2]) et *venter pingwis* ⟨*non*⟩ *sensum tenuem generat* secundum b. *Ieronymum.*[3]) Hinc est, quod dicitur Iob 28.[4]) Non *inuenitur* sapiencia scilicet *in terra suauiter viuencium. Abissus dicit: Non est in me, et mare loquitur: Non est mecum.* Quod ibidem exponit *Gregorius 18. moralium*[5]) de hominibus carnalibus, superbis et cupidis, a quibus sapiencia absconditur. Ideo Plato, quamuis Athenis magister esset et potens, secundum *Ieronymum ad Paulinum*[6]) tamen vt melius vacare posset studio philosophie, elegit sibi villam achademiam desertam et pestilentem procul a ciuitate Atheniensium distantem, vt assiduitate morborum impetus in eo voluptatis et libidinis frangerentur. Cum itaque studia generalia, vt praefertur racionabiliter, sint introducta, vere sapiencie discipulus frequenter adire ac frequentare debet literatos exemplo beati Martini, qui pro doctrina beatum adiit Hilarium et exemplo beati Ieronymi, qui adiit Gregorium Nazarenum. Et b. Augustinus visitauit Ambrosium et Simplicianum et b. Thomas Albertum in Colonia adiit magnum, qui pro sapiencia acquirenda et discenda omnes humiliter transierunt, Exemplo eciam philosophorum gentilium, qui pro acquisicione sapiencie naciones et regiones adierunt diuersas, famosos in scienciis vt audirent, quaesierunt, sicuti *Pytagoras*[7]), *Plato atque Appolonius* cum ceteris vt de vita philosophorum debet eciam humiliter animo doctos temptare ad aliquod discendum et in aduersis tranquillitate mentis propter studium pacienciam habere, sicuti Plato, Et plus debet quaerere addiscere sapienciam quam videre spectaculorum insaniam, atque plus querere hominem in scienciis famosum quam opes uel honoris fastigium vt quidam et praesertim nobiles — *Ieronymus* recitat *ad Paulinum*[8]) — fecerunt. Quorum sanctorum ac philosophorum vestigia, vt supra dictum est, et pedes Dominus noster vesperiandus hucusque secutus caute seipsum videndo, sciencias et maxime sacram theologiam diligenter addiscendo, vt videlicet deum vere cognoscat, recte colat atque perfecte diligat eo, quod vniuscuiusque facultatis gympnasium in hunc finem tendere debeat, vt inquit b. *Augustinus 2° de trinitate c. primo*[9]) dicens: *Non ero segnis ad inquirendum scienciam dei siue per eius scripturam* aut *per* eius *creaturam, que vtraque nobis ad hoc proponitur, vt ipse quaeratur ipseque diligatur, qui et illam inspirauit et istam creauit.* Et quia deus est vniuersalis omnium dominus et omnis homo seruus eius fidelis esse debet, videlicet ante omnia scrutari omnis homo debet de domino deo suo eius primo voluntatem, vt ei obediat, quem scire poterit in agendis et obmittendis facultate duplici, theologica videlicet et iuridica, illa in generali, ista in speciali, 2° scrutari debet eius potenciam, sapienciam, bonitatem et dignitatem, ut ipsam diligat et secundum multitudinem glorie virtutis sue ipsum laudet et extollat. Et scire hoc poterit facultate theologica ex scripturis sanctis et philosophica ex omnibus creaturis. Est igitur omni generacioni querencium dominum studium quadruplicis facultatis necessarium, videlicet sacre theologie, iuris canonici, medicine et philosophie. Eo quod necessaria sunt sacerdotibus ad sciendum sacrorum libri leccionarius, antiphonarius, baptisterium, computus, canon penitencialis, psalterium. Ex quibus si vnum de omnibus defuerit, sacerdotis nomen vix in eo constabit. Hinc est, quod studere in quacunque licita facultate ex hoc ex caritate propter dominum atque ecclesie vtilitatem est vite eterne meritorium. Quodlibet enim tale studium est actus liber de genere bonorum

1) Cic. Cat. 12, 39. 40. 2) Arist. eth. VII 12 1152b 17. 3) Hier. ep. LII 11 (MPL 22 537). 4) Job 28, 13. 5) Greg. mor. XVIII 41 (M 76 75 B). 6) cf. Hier. ep. 53 1 (MPL 22 540). 7) cf. Hier. ep. 53 1. 8) cf. Hier. ep. 53 1. 9) Aug. de trin. II pro. 1 (M 42 1187 B).

et ex caritate procedens *intra* tamen *omnium hominum studia* secundum s. *Thomam contra gentiles ca. 2°.*[1]) *Sapiencie* theologice *studium est perfeccius et sublimius, vtilius et iocundius. Perfeccius quidem, quia, in quantum homo sapiencie studiis datur, in tantum vere beatitudinis aliquam partem habet, vnde beatus vir, qui in sapiencia morabitur. Ecc. 14*[2]) *Sublimius autem est, quia per ipsum homo praecipue ad diuinam similitudinem accedit, quia omnia in sapiencia fecit, vnde quia similitudo est causa dileccionis sapiencie studium praecipue deo per amiciciam coniungit, propter quod dicitur sap. vij.*[3]) *Sapiencia thesaurus infinitus est hominibus, quo qui vsi sunt, participes facti sunt amicicie dei. Vtilius autem est, quia per ipsam sapienciam ad immortalitatis regnum peruenitur. Concupiscencia enim sapiencie deducet ad regnum perpetuum sap. vj.*[4]) *Iocundius vero est, quia non habet amaritudinem. Conuersacio eius est leticia et gaudium sap. 8.*[5]) Ex quibus clare patet primo, quod inter facultatum studia eciam meritoria studium theologie ceteris studiis magis est meritorium. Apparet 2° quod huiusmodi facultatum studia, si non fiant ex caritate, adhuc studium theologie est ceteris ad vitam eternam magis directum mediate et dispositiue, patet, quia per studium theologie magis directe quis cognoscit, quanta pena pro peccato debetur et quantum praemium pro merito, ex quorum primo homo ad penitenciam instigatur, ex altero vero ad bona opera excitatur, vnde dicit *Crisostomus super Mt.*[6]) *Quidquid queritur ad salutem, inuenitur in sacris scripturis. Ignorans ibi inuenit, quid discat, contumax, quid timeat, laborans promissa, quibus recreetur.* Eciam per studium theologie magis potest quis suos rimari defectus et incitari ad virtutum actus dicente b. *Gregorio 2° moralium in principio*[7]): *Sacra scriptura mentis oculis quasi quoddam speculum opponitur, ut interna nostra facies in ipsa videatur. Ibi feda nostra et pulchra cognoscimus, ibi sentimus, quanta profecimus et quam longe a profectu distamus.* Apparet 3° Et si theologia sufficiat pro regimine ecclesie se sola expedicius, tamen ipsa per eam regitur sciencia iuris canonici ipsi adiuncta. Prima pars patet, quia ipsa sola sciuntur ad vitam eternam necessaria secundum illud et sic ad *thimo. 2°.*[8]) Sacre litere *te possunt instruere ad salutem, vt sit perfectus homo dei ad omne opus bonum instructus* et eciam *spiritualis indicat omnia prime cor. 2°.*[9]) vbi *glosa*[10]) *Omnia iudicanda, que ad iusticiam et vitam sufficiunt.* Et b. *Augustinus 14. de trinitate*[11]) *huic sciencie* attribuit *illud tantummodo quo fides saluberrima gignitur, roboratur et defenditur.* 2ª pars patet, quia in iure multi casus particulares sunt, ex quibus statim consimiles in ecclesia casus emergentes possunt expediri sine longa deliberacione ac sine magna scripturarum discursione, vnde et ecclesia melius regitur per theologum simul et iuristam quam per nudum theologum uel purum iuristam. Ista singula noster vesperiandus non ignorans se praecipue theologice sciencie necnon iuris canonici facultati mancipauit per longiora tempora diligenter imbuendo seque antecedenter videndo et tandem in patria luculenter oculos suos beatificando praecipue et similiter suorum sequacium. Ita quod congrue sibi potest dici: *Beati oculi, qui vident, que vos videtis.* Et tantum de primo principali.

Dixi 2° breuius 3ᵐ et 4ᵐ obmittendo, Quod volens habere oculos beatos hic antecedenter et in futura vita luculenter debet videre mundum labilem et procellosum ad spernendum. Et merito, quia *Naum 3°.*[12]) dicitur: *Omnis, qui viderit te, resiliet a te,* viderit, inquam, non solum exterius, vbi floret et placet, sed et interius, vbi fetet, horret et torquet. Ideo dicit beatus *Bernhardus*[13]), Quod *falce discrecionis mundus esset aperiendus et cernendus et sic ab hominibus sperneretur.* Qui mundum ipsum sic videt, ab ipso si pedem posuit, tanquam ab incendii contagio resilit at-

1) Thomas sum. phil. I 2. 2) Eccli. 14, 22. 3) Sap. 7, 14. 4) Sap. 6, 21. 5) Sap. 8, 16. 6) Chrys. serm.? 7) Greg. mor. II 1 (MPL 75 533 D). 8) 2. Tim. 3, 15. 9) 1. Cor. 2, 15. 10) Aug. de trin. 14, 1 (MPL 42 1438 A). 11) Walafridus Strabo, glossa ordinaria (MPL 114 522 D), 12) Nah. 3, 7. 13) Bernh.?

que fugit, quia *totus mundus in maligno positus est j. Joh. v.*[1]) Vnde *sapiens ad mundum cognoscendum multum studiosus*, prout fatetur *eccles. primo.*[2]) Quinque in mundo in excessu appetibilia cognouit atque vidit, scilicet dignitatis celsitudinem, potestatis latitudinem, facultatis plenitudinem, voluptatis magnitudinem, claritatis limpitudinem prout de talibus per ordinem loquitur *Eccles. ca. 2°.*[3]) Cumque *possedi*, inquit, *seruos et ancillas*. Hoc quo ad primum. *Multamque familiam habui, armenta quoque*, quoad secundum. *Magnos ouium greges vltra omnes, qui fuerunt ante me in ierusalem, coarcuaui mihi*[4]), quo ad 3m, *feci mihi cantores et cantatrices et delicias filiorum hominum*, quo ad[5]) 4m, *sapiencia quoque perseuerauit mecum*, quo ad 5m. Sed post hec omnia concludit: *Vidi in omnibus vanitatem*, quia verum hominis bonum non adducunt neque faciunt, sed *affliccionem animi*[6]), quia delicie antequam habentur, per desideria affligunt, sed et habite per societatem in fastidium vertunt, Et nichil permanere sub sole, quia cito deficiunt et hominem deserunt omniaque corrumpunt. Quinque ista principaliter vidit sapiens, vbi supra propter que ab omnibus mundus omnino est contempnendus. Primo videlicet in cella equitatis summam prauitatem, 2° in caula vnitatis summam seueritatem, 3° in aula libertatis summam egestatem, 4° in mora breuitatis summam peruersitatem, 5° in curia dignitatis summam difformitatem. Primo uidit prauitatem, dixi, in cella equitatis et hoc capitulo 3°, vbi inquit: *vidi* et dissimulare scilicet volui *sub sole* i. e. sub hominum habitacione in loco iudicii *impietatem*[7]), hoc est: vbi dari debet rectum iudicium et iusta sentencia, iniquitatem, quod hodie timendum est fieri odio, scilicet prece, precio aut fauore seu timore, quod iusticia declinetur et pluries inique iudicetur. 2° idem *capitulo 4.*[8]) vidit in caula vnitatis summam seueritatem. *Verti* enim inquit *me ab alia et vidi calumpnias, que sub sole geruntur, et lacrimas innocentum et neminem consolatorem nec posse resistere eorum violencie cunctorum auxilio destitutos.* Magna enim est abusio, quod omnes sumus fratres eiusdem legis atque fidei, ymmo membra Christi, quod vni desolato, iusto, tribulato a nullo aut ab aliquo vix succurratur. Idem dixi 3° vidit et hoc *capitulo vj.*[9]) ibidem summam egestatem dicens: *Est et aliud malum, quod vidi sub sole et quidem frequens aput homines, vir, cui dedit deus diuicias et substanciam et honorem* etc. Et subditur: *Nec tribuit potestatem deus, vt comedat ex eo, sed homo extraneus vorabit illud, hoc vanitas et magna miseria est*, ymmo vere est quasi oppositum in adiecto, videlicet, quod quis diuiciis affluat et egeat, sic eciam locuples et egens. Videbat idem sapiens 4° denique summam peruersitatem et hoc *capitulo vij.*[10]) sic inquiens: *hoc quoque vidi in diebus vanitatis mee: iustus perit iniusticia sua et impius viuit multo tempore in malicia sua.* Videtur namque magna deordinacio, quod in breui tempore huius vite boni parum viuunt et mali multum, de quibus supersedeo ad praesens. Demum et quinto vidit summam deformitatem. Et hoc *capitulo x°.*[11]) dicens: *Est* et *malum, quod vidi sub sole quasi per errorem egrediens a facie principis, positum stultum in dignitate sublimi* i. e. sublimi indignitate et diuites scilicet gracie sedere deorsum. Vidi seruos in equis etc. Que omnia si diligenter consideramus, mundum iam in his maxime laborare videmus. Hec ergo aduertens mundum debet toto conatu contempnere, sicuti noster dominus vesperiandus et mox vesperiatus fecit non autem subito, sed certo tempore reuoluto, praeter namque praemissa magisterium in artibus adeptus ad alta tendens methaphysicam pro certo tamen magistro suo disputavit. Non eciam multis reuolutis annis collegium maius adeptus fuit. Et sic consequenter ad facultatis arcium honorem sineque suo praeiudicio certis modis et cautelis altera namque vice decanatum ipsius diligenter rexit demumque his et aliis postpositis singulis ipse

1) 1. Joh. 5, 19. 2) Eccli. 1, 17. 3) Eccle. 2, 7. 4) Eccle. 2, 8. 5) Eccle. 2, 9. 6) Eccle. 2, 11. 7) Eccle. 3, 16. 8) Eccle. 4, 1. 9) Eccle. 6, 1. 2. 10) Eccle. 7, 16. 11) Eccle. 10, 5. 6. 7.

pro nichilo arbitratus omnia cum apostolo *ad phil. 3.*[1]) dicens: *Omnia detrimentum feci et arbitror ut stercora, vt Christum lucrifacerem.* Et sic ad ipsam sacram theologiam, que, ut dixi, lumen est ipsum medium, vt ipse oculus mentis videat, illuminans se totaliter conuertit ad ipsam, cognouit, vt modo sit vesperiandus ac 3ª feria proxima in ecclesia sancti Nicolai, vt praefertur, domino deo concedente in principio septime in ipsa sacra theologia magistrandus et birretandus. *Oculi* ergo sui *beati,* quia viderunt et *vident, que vos videtis.* Et non tantum isti, sed omnium eorum, qui ipsum in his fuerint secuti. Bene ergo dicere valeo ad ipsum dominum vesperiandum et mox vesperiatum: *Beati oculi, qui vident, que vos videtis.* Que praetermissis causa breuitatis duobus membris videlicet 3° et 4° fuerunt verba vestris Reuerenciis pro themate proposita et, ut audistis, introducta.

In quibus quidem verbis vt congruencius introductis duo principaliter prae laudis praeconio mox nostri vesperiati, que ipsum in sacra theologia magisterio bene digna efficiunt, breuissime innuuntur. Primum et magisterii et praelacionis dignitas. 2ᵐ vero est eiusdem status mercedis sublimitas. Primum innuitur, cum dicitur: *Oculi,* 2ᵘᵐ autem cum subditur: *Beati, qui vident.* Pro primo concordat scriptura *Cant. 5.*[2]) *Oculi eius sicut columbe super riuos aquarum.* Et idem *c. 7.*[3]) *Oculi tui sicut piscine in esebon, que est in porta filie multitudinis.* Vbi secundum *glosam*[4]) et gorram per oculos ecclesie designantur praelati et doctores. Sed pro *2°* dicitur Mᵗ v.[5]) *Beati mundo corde, quoniam ipsi deum videbunt.* Est tamen circa primum notandum, Quod officium magistri et praelati est subditos arguere exemplo aquile, que teste *Plinio*[6]) rostro et vngwibus suos percutit pullos, vt nidum compellantur exire victumque querere atque volare. Sic et magister atque praelatus quilibet, ymmo et ipse debet suos filios i. e. discipulos et subditos rostro i. e. minis, scilicet verbis ac vngwibus i. e. verberibus seu penis corrigi siue arguere et ad exeundum nidum carnalitatis et voluptatis ad querendum victum gracie, deuocionis et veritatis atque ad volandum per contemplacionem ad altitudinem eterne felicitatis, vt sic ipsos compellere, docere, animare et in cunctis actibus seu operibus instruere ac informare. Quod eciam et ipse dominus deus continue facit. Nam ipse nos arguit videlicet per scripturam commonendo, per tribulaciones puniendo et quasi per violenciam compellendo. Et ideo cuilibet tali dicitur sicut et nostro domino vesperiando, mox vesperiato illud *2ᵉ thi. 4.*[7]) *Argue, obsecra, increpa in omni paciencia et doctrina.* Ex quibus patet, quod quelibet correccio debet fieri cum aliquali seueritate. *Argue,* inquit, *increpa* cum allectiua benignitate *obsecra,* ait, cum delectiua maturitate in omni paciencia cum discussiua prudencia maturitatis dilatiua. Hanc enim formam quilibet superior debet seruare Exemplo dei videlicet instruere iusticie veritatem, arguere, increpare et corripere vicia et iniquitatem, vnde quecunque sunt aliis superiora, vt communiter seniora sunt et excellenciora, vtpatet in naturalibus brutis et volatilibus. Nam ignis suo ardore, sol suo calore, leo sua attrocitate, aquila sua seuicia et crudelitate sibi subdita corpora antecellunt. Sic suo modo in moralibus illi, qui sunt aliis in statu et gradu maiores, debent esse per correccionem in iusticia aliis forciores atque sancciores, vnde merito tales debent esse ignei per rigorem, solares per ardorem, leones per asperitatem, aquile per seueritatem. In ipsis quoque sit ignis ardore correccionis, sol splendide cognicionis, leo rigoris et comitancie, aquila rigoris et audacie. Et quia difficile est subditos ac peruersos cuiuscunque status secundum rigorem iusticie castigare et arguere, corrigere et increpare. Ideo oportet superiores vt magistros et praelatos audacter et seuere contra ipsos militare. Nam de leone dicitur: *leo est fortissimus bestiarum et ad nullius pauebit cursum prouerb. 30.*[8]) Et hoc ostenditur, cum dicitur: *argue, increpa*

1) Phil. 3, 8. 2) Cant. 5, 11. 3) Cant. 7, 4. 4) glossa. 5) Matth. 5, 8. 6) *Plin. nat. hist. X 15. 7) 2. Tim. 4, 2. 8) Prov. 30, 30.

vnde *increpa feras arundinis, congregacio thaurorum in vaccis populorum ps. 67.*[1]) vbi nominantur 4[or] genera peruersorum, quae reprehendi debent et necessario argui per magistros et superiores, scilicet seuientes crudelibus, ubi inquit feras. Intendentes prosperitatibus. Arundinis inquit scilicet auaros et diuites, qui in baculo arundineo egipti i. e. mundi prosperitate instabili confidunt. Item combinantes malignitatem Congregacio, ait Inclinatos ad carnalitatem thesaurorum scilicet illos, qui semper volunt esse cum vaccis populorum i. e. cum mulieribus. In talibus igitur seueritate iusticie *increpa, argue* etc. Quod quanquam sit onerosum, est tamen officium valde meritorium, vnde *j. Thy. 3.*[2]) *Qui episcopatum desiderat, bonum opus desiderat,* vbi *glosa*[3]) dicit: *vere opus aut onus, non honorem, laborem, non dignitatem.* Sed vt dixi, circa 2[m] innuitur et breuius eiusdem mercedis status sublimitas, cum dicitur: *Beati, qui vident,* vnde secundum *Senecam in libro de quatuor virtutibus cardinalibus*[4]) tria sunt consideranda, praesencia scilicet, praeterita et futura. Vnde dicit ibidem: *Si prudens es, animus tuus tribus dispensetur temporibus: praesencia ordina, futura praeuide, praeterita recordare. Nichil qui de praeterito cogitat, vitam perdit, obliuiosus et fatuus appellatur. Qui* autem *nichil de futuro praemeditatur, in omnibus incautus incidit. Propone ergo in animo tuo bona et mala, illa vt moderari possis, ista, vt possis sustinere.* Que noster dominus mox vesperiatus caute attendens futura praeuidit studiose, praesencia laboriose atque praeterita consummauit fructuose, ita quod propter primum merito est licenciatus et propter 2[m] statim vesperiatus et propter 3[m] domino deo fauente sacre theologie magisterio fiet in aula tercia feria, vt dixi, proxima hora septima circa principium legaliter decoratus. Et tantum de tercio principali huius actus.

In aula magistri Stephani de prettin Anno 1440.

Handschrift Nr. 866 Bl. 274[a]—278[a].

In nomine patris et filii et spiritus sancti M[t] vlt.[5]) Sic hucusque actus meos solitus sum inchoare, sic et proposui continuare et infinem vsque perseuerare desiderans finaliter in mortis mee vtinam gracioso examine taliter terminare oculos pariter et os feliciter claudere. In nomine patris et filii et spiritus sancti domino et magistro nostro ihesu Christo misericorditer mihi concedente. Ad cuius laudem et gloriam sueque intemerate genitricis marie virginis gloriose ac generaliter tocius celestis curie honorem specialiterque patronorum nostre misnensis ecclesie, beatorum videlicet Johannis apostoli et ewangeliste ac Donati episcopi et matris, singulariter quoque beatissimi confessoris Anthonii egipciorum heremite, suffragatoris mei apud deum, ut spero, graciosissimi Necnon pro incremento huius alme vniuersitatis ac theologice facultatis studii lipczensis. In hoc praesenti actu tria intendo facere: primo sacram scripturam pro posse meo commendare, vt per hoc excitetur affectus, 2[0] vnam quaestionem disputare, vt perficiatur intellectus et 3[0] graciarum acciones resonare, vt ingratitudinis remoueatur defectus.

Ad primum me allicit dictum prophete inquientis *Annuncciate de die in diem salutare eius ps. xcv,*[6]) Quanquam ipsa scriptura sit *maior omni laude ecclesc. xliis.*[7]) Ad 2[m] me compellit ipsius veritatis, que per disputacionem acquiritur, multiplex vtilitas. Ipsa namque veritas illustrat intellectum tenebras expellendo, hilarescit affectum gaudium generando, purgat peccati defectum reatum abstergendo. Ad 3[m] me cogit dictum beati *Bernhardi super can.*[8]) dicentis: *Ingratitudo inimica est anime, exinanicio meritorum, virtutum dispersio, beneficiorum perdicio, ventus vrens, fontem siccans diuine pietatis.*

---

1) Ps. 68, 31. 2) 1. Tim. 3, 1. 3) cf. Walafridus Strabo (MPL 114 628 C). 4) Sen. de quatt. virt. II 9 (H. III 470). 5) Math. 28, 19. 6) Ps. 96, 2. 7) Eccli. 43, 33. 8) Bernh. sup. cant. (MPL 183 1027) — Thomas Hibernicus manipulus flor. ed. Venet. fol. 127[b].

Quantum igitur ad primum seu execucionem primi recommendaturus sacrosanctam scripturam, videlicet ipsam theologiam, omnium scienciarum dominam et reginam, si mentis oculo considerauero ipsius infallibilem veritatem, inenarrabilem firmitatem ac excellentem dignitatem, sane reperio, quod ipsam recommendaturus esse deberet prudencia plenus, sciencia gnarus, consciencia purus, ego vero in his omnibus et singulis heu deficio. *Stultissimus enim virorum sum et sapiencia hominum non est mecum prouer. 30.*[1]) et hoc contra primum *puerque sum paruulus et ignorans 3. Reg. 3*[2]) et hoc contra 2m. *Ego eciam sum, qui peccavi, ego inique egi 1. paral. 21.*[3]) et hoc contra 3m. Quid ergo facturus quasi ignoro? Si namque his conuictus obticuero, vereor illud *ysa. vj.*[4]). *Ve michi, quia tacui*, cum vtique dominum in scripturís eius laudare iubemur *ysa. xxiiij.*[5]) *In doctrinis glorificate dominum. Angustie igitur michi sunt vndique dan. xiij.*[6]) *Timorque et tremor venerunt super me ut contexerunt me tenebre ps. liiij.*[7]) *Tenebre*, inquam, inexperiencie agendorum, quoad prudenciam, experiencia enim, que ex multis causatur memoriis 2° posterum *in antiquis est* sicut et *sapiencia. Iob xij.*[8]) *ego vero puer sum. Ier. primo.*[9]) Puer vtique quamuis non etate, tamen sciencie paruitate et puer exercicio morum, qui non distingwitur a puero annorum dicente *philosopho primo ethicorum.*[10]) *Nichil differt etate puer et moribus puerilis,* propter quod utique contexerunt me tenebre imprudencie, quia *iuuenes constat non esse prudentes 3° ethicorum.*[11]) *Tenebre* eciam *me contexerunt* ignorancie dicendorum et hoc quo ad scienciam, quia non cognoui litteraturam *ps. lxx.*[12]) ymmo *sapiencia* et sciencia *hominum non est mecum prouer. 30.*[13]) Tercio contexerunt me tenebre immundicie peccatorum quoad conscienciam. Nec mirum, quia *in iniquitatibus conceptus sum et in peccatis concepit me mater mea ps. l.*[14]) Et non solum in peccatis conceptus, sed heu eciam in peccatis perseuerans. Nam *si dixerimus, quoniam peccatum non habemus, ipsi nos seducimus et veritas in nobis non est 1. Joh. 1.*[15]) Quia igitur ut praemissum est, in agendis sum inexpertus quoad prudenciam, Ideo incaute me intromitto ad laudandam hanc scripturam eo, quod *recommendacio cum discrecione fieri debet* ut dicit venerabilis *Seneca*[16]) *et Rupertus de rogio in nouo cathone.*[17]) Discrecio vero ad prudenciam pertinet *vj. ethicorum*[18]), quia vero in dicendis ignorans sum quoad scienciam, ideo vanus sum ad laudandam hanc sacram paginam, quia *vani sunt omnes homines, in quibus non est sciencia dei Sap. 13.*[19]) Quia vero per peccata immundus quo ad conscienciam, ideo ineptus ad laudandam hanc sacram scienciam, quia *non est speciosa laus in ore peccatoris ecclesi. xv.*[20]) Et peccatori dixit deus: *Quare tu enarras iusticias meas ps. xlix.*[21]) ob hoc igitur *artor* vndique *nimis ij. Reg. xxiiij.*[22]) et *omni parte angustie me premunt 1. paral. xxj.*[23]) Confisus tamen de patris misericordia, qui utique misericors est *luce vj.*[24]) *Estote misericordes, sicut et pater vester misericors est,* de filii beneficencia, qui eciam *linguas infancium fecit disertas sap. x.*[25]) de spiritus sancti clemencia, qui dona sua distribuit *singulis, prout vult 1. cor. xij.*[26]) In nomine patris et filii et spiritus sancti *aperiam in parabolis os meum et loquar propositiones ab inicio ps. lxxvij.*[27]) loquar, inquam, et resumam verbum in principio cursus mei pro themate assumptum, pro sentenciis continuatum, sed nunc pro aula 3° consumandum, videlicet illud *verbum dei manet ineternum.*

Es folgt fast wörtlich die schon von Stephan von Prettin oben S. 44 verwendete recommendatio scripturae sacrae des Hermann von Altdorf.

---

1) Prov. 30, 2. 2) 1. Kön. 3, 7. 3) 1. Chron. 21, 17. 4) Jes. 6, 5. 5) Jes. 24, 15. 6) Dan. 13, 22. 7) Ps. 55, 6. 8) Iob 12, 12. 9) Jer. 1, 7. 10) Arist. eth. I 1 1095a 6. 11) *Arist. eth. VI 9 1142a 15. 12) Ps. 55, 6. 13) Prov. 30, 2. 14) Ps. 51, 7. 15) 1. Joh. 1, 8. 16) Sen.? 17) Robertus de Euromodio expositio Catonis, de adulatione, Bl. 12 (Basel 1486, Leipz. Un.-Bibl.). 18) *Arist. eth. VI. 19) Sap. 13, 1. 20) Eccli. 15, 9. 21) Ps. 50, 16. 22) 2. Sam. 24, 14. 23) 1. Paral. 21, 13. 24) Luc. 6, 36 25) Sap. 10, 21. 26) 1. Cor. 12, 11. 27) Ps. 78, 2.

Sequitur de resumpta eiusdem.

Handschrift Nr. 866, Bl. 278^b—283^a.

In nomine patris et filii et spiritus sancti *Mt ult.*[1]) In hoc actu tria habeo facere. Primo materiam epistolarum beati pauli, quas intendo legere, recommendare, 2° vnam quaestionem de resumpta disputare et 3° graciarum acciones resonare. Quantum igitur ad primum. Ad omnipotentis dei gloriam eiusdemque genetricis virginis marie ac tocius celestis curie laudem et honorem ac propriam vtilitatem et simplicium in sacra theologia studere volencium lecturus epistolas beati pauli apostoli vnum in essencia et trinum in personis dominum inprimis inuoco, ut sit michi principium, medium et finis, quia ipse *prope est omnibus inuocantibus eum in veritate ps. cxliiij.*[2]) Ipse enim *non derelinquit sperantes in se Judith xiiij.*[3]) Et ideo ad ipsum recurrendum est primo, *a quo omnia, per quem omnia, in quo omnia ad Roma. xj.*[4]) Nam sine ipso nichil fieri potest ipso dicente: *Sine me nichil potestis facere Joh. xv.* quia *sine ipso factum est nichil Joh. j.*[5]) Nam ipse est *alpha et o, principium et finis apoc. primo et xxij.*[6]) Ipse enim ponit principium. Et ideo humiliter supplico, ut suppleat usque ad finem, quia a me ipso hoc opus perficere et ex me sum insufficiens. *Sed sufficiencia nostra ex deo est ij. cor. iij.*[7]) nam sine ipso sum *velut es sonans aut cymbalum tynniens j. cor. xiij.*[8]) Ad ipsum enim est recurrendum iuxta doctrinam *boecij. iij. de consolacione prosa. ix.*[9]) dicentis: *Inuocandus est pater omnium, sine quo nullum rite fundatur exordium.* Ipse enim res penitus desperatas et inpossibiles donare potest, *quia non erit inpossibile aput eum omne verbum luc. j.*[10]) Quibus omnibus attentis *flecto genua* cordis mei *ad patrem domini mei ihesu christi, a quo omnis paternitas in celo et in terra nominatur, vt det michi secundum diuicias glorie sue virtutem corroborari per spiritum eius in interiori homine ad eph. iij.*[11]) et ut det mihi *sedium suarum assistricem sapienciam sap. ix. capitulo*[12]), ut mecum sit et mecum laboret, ut sciam, quid acceptum sit aput eum, Ibidem laboret, inquam, efficaciter, *vt concrescat in pluuia doctrina mea et quod fluat vt ros eloquium meum deutero. xxxij.*[13]) fluat, inquam, ut fiat in cordibus auditorum et simplicium *fons aque viue salientis in vitam eternam Joh. iiij.*[14]) Sed quia ad alios docendum plura requiruntur, quandoque namque requiritur correccio, aliquando obsecracio, interdum increpacio dicente apostolo: *Argue, obsecra, increpa in omni paciencia et doctrina ij. ad thimo. iiij.*[15]) Ego autem considerans seu animaduertens dictum *senece*[16]) dicentis: *Generosus est animus humanus et facilius ducitur quam trahitur.* Idcirco non arguendo seuere, sed hortando beneuole, non potestatiue, sed caritatiue, exhortatiue ergo quemlibet in vinea domini laborantem et laborare volentem docendo seu addiscendo benigne alloquor. Scio namque, quod *erga corrigendos plus agit beneuolencia quam seueritas, plus exhortacio quam commocio, alias comminacio, plus caritas quam potestas,* vt inquit beatus *gregorius*[17]) et habetur in *can. licet xlv. d.*[18]) Cui alludit, quod dicit propheta: *Corripiet me iustus in misericordia et increpabit me ps. cxl.*[19]) Que omnia perpendens cuilibet in ecclesia dei et fide catholica laboranti hortatiue et in persona Christi et ecclesie et apostoli pauli dico et dicere debeo: *labora sicut bonus miles ij. ad thimo. ij.*[20]) — — — —

Et hoc de primo principali huius actus. Quantum ad 2^m incipiam *epistolam ad Romanos:*[21]) *Paulus seruus ihesu christi vocatus apostolus* etc. pro praesenti tamen leccioni huius epistole non insistam, sed ad disputacionem quaestionis per me in aula resumpte me nunc conuertam, que erat talis: *Vtrum ex ministri malicia impediatur sacramenti baptismalis efficacia?* — — — — — — — — — —

1) Matth. 28, 19. 2) Ps. 145, 18. 3) Judith 13, 17. 4) Rom. 11, 36. 5) Joh. 15, 5. 1, 3. 6) Apoc. 1, 8. 22, 13. 7) 2. Cor. 3, 5. 8) 1. Cor. 13, 1. 9) Boet. phil. cons. III 9. 10) Luc. 1, 37. 11) Eph. 3, 14ss. 12) Sap. 9, 4. 13) Deut. 32, 2. 14) Joh. 4, 14. 15) 2. Tim. 4, 2. 16) cf. Sen. de clem. I 24, 2. 17) Greg. IV ep. anno 833 [cf. Ph. Jaffé, res g. pont. Rom. 1958]. 18) c. 6 D. XLV. 19) Ps. 141, 5. 20) 2. Tim. 2, 2. 21) Rom. 1, 1.

Recommendatio novi rectoris. Rectoratus assumptio. Exhortationes rectoris.

Einleitung.

Nach den Statuten war zum Rektor wählbar nur eine 'persona universitatis nostrae, quae vita et moribus commendabilis existat et vicesimum quintum annum suae aetatis attigerit et de legitimo thoro existat.'[1]) Es war ferner nötig, daß er nicht verheiratet, sowie daß er clericus vel alicuius religionis professus[2]) war. Die Wahl erfolgte durch die Nationen in folgender Weise: Jede Nation wählte zunächst eine Person aus ihrer Mitte. Diese vier wählten innerhalb einer Stunde sieben andere, und zwar vier aus den vier Nationen und drei aus drei Nationen, so daß der Reihe nach bei der Rektorwahl eine Nation übergangen wurde. Diese sieben wählen wiederum innerhalb einer Stunde fünf, aus jeder Nation einen, dann noch einen aus der bei der Wahl der sieben nur durch eine Person vertretenen Nation. Diese fünf haben innerhalb einer Stunde den Rektor zu wählen, wobei die Majorität entscheidet. Sodann hat einer der Wähler die Wahl zu publizieren. Die Wahl muß vor Sonnenuntergang angenommen werden, es sei denn, daß der Gewählte bereits einmal als Rektor fungiert hat.[3])

Innerhalb fünfzehn Tagen nach Annahme des Rektorats hat der Gewählte an einem Festtage sich der Universität rekommandieren zu lassen. Bei dieser Feier übergibt der alte Rektor dem neuen das Universitätssiegel und die Statuten, und der neue Rektor hat den Eid zu leisten.[4]) Sodann erfolgte die assumptio rectoratus.[5]) An diese schloß sich die Wahl der Consiliarii oder Assessores. Jede Nation schlug aus ihrer Mitte sechs vor, von denen der Rektor je zwei, also insgesamt acht wählte.[6])

Zweimal während seines Rektorats, im Sommersemester um St. Urbani (25. Mai) und um Mariä Geburt (8. September), im Wintersemester um St. Katharinä (25. November) und St. Gregorii (12. März) hatte der Rektor eine Universitätsversammlung einzuberufen, in der er eine brevis exhortatio ad correctionem malarum consuetudinum scolarium, sicut fore viderit tunc necesse hielt. In derselben Versammlung hatte er die Universitätsstatuten, insoweit sie omnia supposita indifferenter angehen, vorlesen zu lassen.[7])

Die Feier der Übergabe des Rektorats fand im lectorium ordinariarum disputationum statt.[8]) Dieses war auch der Ort für die eben erwähnten Universitätsversammlungen.[9])

Wir teilen zur Illustration dieser Bestimmungen im folgenden die Recommendatio des am 16. Oktober 1474 gewählten Rektors Johannes Kleine, dessen Rectoratus assumptio und die beiden von Kleine bei den vorgeschriebenen Universitätsversammlungen gehaltenen Exhortationes mit.

Die Recommendatio Kleines sprach Thomas Werner.[10]) Er wählt als Thema Matth. 22, 14: 'Multi sunt vocati' aus dem Sonntagsevangelium (20. nach Trinitatis) — mithin hat die Rektoratsübergabe am 23. Oktober stattgefunden — und richtet dann unter Bezugnahme auf Prov. 28, 1: 'Fugit impius nemine prosequente, sed iustus quasi leo confidens absque terrore erit' an den neuen Rektor die dreifache Mahnung, 'quod debet more leonis interdum fortiter rugire per increpacionem, interdum dulciter dormire per piam dissimulationem, interdum acriter ferire per dignam punitionem.' In seiner Assumptio rectoratus knüpft Kleine gleich-

1) Zarncke, Stat. S. 48, 11 ff. 2) Zarncke S. 48, 22. 3) S. 49, 24 ff. 4) S. 50, 21 ff. 5) Ohne Bestimmung in den Statuten. 6) S. 53, 15 ff. 7) S. 51, 28 ff. Vgl. Thorbecke, S. 46 f. 8) Zarncke, Stat. S. 98, 6 ff. 9) S. 98, 21 ff. 10) Vgl. Brieger S. 71^{b}.

falls an Matth. 22, 14 an. Am Schlusse seiner kurzen Rede fordert er auf zur Wahl der Assessores, Consiliarii und Judiciales.[1])

Die erste Exhortatio ist gehalten am 24. Sonntag n. Trin. (20. November) 1474[2]), die zweite am Tage Gregorii, also am 12. März (Sonntag Judika) 1475. An beide Reden schließt sich die Aufforderung: 'Legantur statuta'.

In beiden Exhortationen findet sich die Klage über Kleidertorheit und Spielsucht.[3]) Wie lebhaft und berechtigt diese Klage war, beweisen auch die beigefügten Exzerpta aus der exhortatio des Rektors Johannes Fabri von Forchheim, gehalten am 24. Mai 1472, und einem etwa ins Jahr 1480 gehörenden sermo ad clerum.

Recommendacio noui rectoris.

Handschrift Nr. 158. Bl. 161^b—163^b.

In nomine domini, amen. Celeberrimi patres et domini Magistri, doctores ceterique mihi plurimum venerandi. Rectoratus atque iudicandi munus quam necessarium vite humane, quam excellens et praeclarum sit exercicium et a cunctis mortalibus honori habitum, Nemo est, qui nesciat, nisi qui legibus subici recusat aut alienis iacturis ditari peroptat. Vt enim beatissimus *Ieronymus in* suis *epistolis*[4]) ait: *Nisi primus homo ymaginem dei in se peccando violasset, neque homo homini subiectus esset nec alius alium iudicasset.* Fuisset enim sibi vnusquisque iudex et rector. Nam a principio non dixit deus homini, ut praesit hominibus, sed *dominamini,* inquit, *piscibus maris et volatilibus celi et bestijs terre.*[5]) Postquam vero peccatum inter homines invaluit, iurgia, rixe, bella et seminaria discordie crescere ceperunt, fuit necessarium ad comprimendas iniquorum cupidines et violencias, vt per diuinam prouidenciam homo homines iudicare posset, ut quos natura ipsa aut amor ad bonum non prouocat, saltem timor humanus a malo coherceat, quia cum populi multitudo ab his, qui maiores sunt, opprimeretur, expediens admodum fuit ad aliquem confugere virtute et autoritate praestantem, qui iniurias cohiberet et summa infimis pari equitate coequaret legumque transgressores puniret. Qui apud quosdam magistratus, apud alios praesides, alibi praetores, potestates aut iudices, in nostra vero vniuersitate rectores appellati sunt. Hij apud gentiles plurimum honorabantur, vt *valerius maximus capitulo vltimo libri* 8^{ui}[6]) ait, Quod Appollo delphicus requisitus de iustis magistratibus respondit *se nescire, vtrum deorum an hominum numero* hoc exercicium illustre reponi deberet. Quid enim teste *cycerone*[7]) *praeclarius,* quid *dignius* inter mortales exercicium excogitari potest, quam vnum hominem in re publica reperiri, qui communi vtilitati seruiet, qui communia pro suis, sua pro communibus habeat, qui velit et sciat *personam* communitatis *gerere, dignitatem* honoris *sustinere legesque obseruare, iura* tueri atque exequi et postremo cuncta, quae ad rem publicam pertinent, *fidei sue commissa meminisse. Nihil* autem (ut idem *tullius libro primo officiorum*[8]) *suorum* ait) *magno et praeclaro viro* (potissime rem publicam gubernante) *dignius* et *laudabilius* est *placabilitate atque clemencia. Et tamen ita probanda est mansuetudo atque clemencia, vt adhibeatur reipublice [causa] seueritas, sine qua administrari res publica non potest. Omnis autem animaduersio et castigacio contumelia vacare debet, Neque ad eius, qui puniet aliquem aut verbis castigat, sed ad reipublice vtilitatem conuenit haec referri.*

Quam mansuetudinem atque clemenciam et alia virtutum probitatumque insignia in domino nostro rectore fore nemo, qui eum recte nouit, dubitare potest. Ideo-

1) Diese drei Bezeichnungen in derselben Ordnung Zarncke, Stat. S. 98, 11. 2) Das ergibt sich aus der Bezugnahme auf das Sonntagsevangelium Kol. 1, 10. 3) Vgl. Kroker, Leipziger Kleiderordnungen in Mitteilungen der Deutschen Gesellschaft zur Erforschung Vaterländischer Sprache und Altertümer in Leipzig. X. Bd. 5. Heft S. 18 ff. 4) Hier. epist.? 5) Gen. 1, 28. 6) [Val. Max. mem. VIII 15?] cf. V 3 ext. 2. 7) Cic. off. I 34, 124. 8) Cic. off. I 25, 88.

que pro ipsius recommendatoria collacione, vt virtutes et laudes ipsius pro honore officij sui rectoralis publice innotescant, secundum morem hactenus obseruatum assumo thema: *Multi sunt vocati Mathei* originaliter scriptum *22° capitulo*[1]) et lectum in ewangelio praesentis dominice missali officio sumptumque pro themate et collacionis huius inicio.

Prestantissimi patres et domini Magistri, Doctores Ceterique viri Clarissimi. Venerabilis *hugho*[2]) loquens de diuerso modo vocacionis pertractans illud: *vocaui, et rennuistis*[3]) ad propositum nostrum et ad introduccionem praeassumpti thematis nostri sic inquit: *Vocat dominus per praedicacionem, vocat per donorum largicionem, vocat per occultam inspiracionem, vocat per flagellacionem, vocat per praedestinacionem et vocat per veram eleccionem.* Et *gloza ordinaria*[4]) super isto verbo *Ad roma. 8.*[5]) *Quos praedestinauit, hos et vocauit* sic dicit: Quos praedestinauit, quod fuit, antequam essemus, hos quamuis ante aduersos vocauit per praedicatores vel interiorem vocacionem, hos et iustificauit remissione peccatorum, Et quos iustificauit, dum peccatores essent, illos magnificauit in omne genere virtutum. Videte ergo vocacionem vestram, fratres, vnusquisque vestrum in opere dei studeat esse prompcior, in oracione frequencior, in castitate purior, in sobrietate paracior, in corpore honestior, in corde sincerior, in mansuetudine moderacior, in compunccione feruencior, in obediendo prompcior, in caritate iocundior, Attendentes illud, quod scribit *stacius* in *thebayde libro 6.*[6]) *praestantesque viros vocat ad sua praemia virtus.* Quapropter *obsecro vos ego vinctus in domino, vt digne ambuletis vocacione, qua vocati estis, cum omni humilitate et mansuetudine ad ephe. 4.*[7]) vt de numero illorum, qui ad virtutum operacionem et graciam vocantur, esse possitis secundum propositum thema: *Multi sunt vocati.* Specialiter tamen in praedictis ad propositum nostrum Triplex vocacio innuitur secundum triplicem vniuersitatis nostre statum et gradum scilicet maiorum, mediorum et minorum. Primo Rectores et vniuersitatis nostre maiores ad aliorum instruccionem et gloriam singulariter vocantur, 2° mediocres et in gymnasio nostro proficientes ad virtutum operacionem et studii graciam laudabiliter incitantur, 3° peyores et infimi statutis inobedientes ad suam conuersionem et penitenciam racionabiliter invitantur, quae omnia in verbis thematis designantur, cum dicitur: *Multi sunt vocati. Vnum* enim *corpus multi sumus prime cor. 10.*[8]) quo ad primum, Et *quos vocauit, hos et iustificauit ad roma.* 8.[9]) quo ad 2^m^, Et *multi publicani et peccatores venientes discumbebant cum Ihesu M^t^. 9.*[10]) quo ad 3^m^.

Dixi primo, quod Rectores et vniuersitatis nostre maiores ad aliorum instruccionem et gloriam singulariter vocantur, vnde *gregorius in pastorali*[11]): *Scire debent praelati* et aliorum Rectores, *Quia si peruersa perpetrant, tot mortibus digni sunt, quot ad subditos perdicionis exempla transmittunt, quia omne, quod supereminat, plus in erroribus afficitur, quam honoribus gratuletur,* in *canone Nerui xiij. dis.*[12]) et sunt verba *gregorii* originaliter *32. moralium.*[13]) *Sic enim* (vt idem ait in *registro*[14])) *fidelibus subditis tenere debemus disciplinam, sicut pij patres carnalibus suis filiis solent, quos et pro culpis verberibus feriunt, et tamen eosdem, quos doloribus affligunt, heredes habere querunt.* Quod parum illi curant, de quibus et beatus *gregorius* in *suo pastorali*[15]): *Ex se namque et non ex arbitrio summi rectoris regnant, qui nullis fulti virtutibus nequaquam diuinitus* sicut Aaron ad aliorum regimen vocantur, *sed sua cupidine succensi culmen regiminis rapiunt pocius quam assequantur.* Et tales alios instruere et subiectis praedicare parum curant.

In quarum persona loquitur beatus *gregorius* in *quadam omelia*[16]) *super illo:*

---

1) Matth. 22, 14. 2) Hugo? 3) Matth. 23, 37. 4) glossa. 5) Röm. 8, 30. 6) Stat. Theb. VI 295. 7) Eph. 4, 1. 2. 8) 1. Kor. 10, 17. 9) Röm. 8, 30. 10) Matth. 9, 10. 11) Greg. reg. past. III c. 4 (MPL 77, 38). 12) c. 2 D. 13. 13) Greg. mor. 32. 14) Greg. reg. = epist. 15) Greg. reg. past. I c. 1 (MPL 77, 3). 16) Greg. hom. in evang. I 17 (MPL 76 1142 D).

Dignus est mercenarius mercede sua.[1]) *Quid nos, o pastores, agimus, qui et mercedem assequimur, Et tamen operarij nequaquam sumus? fructus quippe sancte ecclesie in stipendio cottidiano percipimus, sed tamen pro eterna ecclesia minime in praedicacionibus laboramus. Pensemus, cuius*(modi) *dampnacionis sit sine labore hic percipere mercedem laboris. Ecce ex oblacione fidelium viuimus, sed quid pro animabus fidelium laborauimus? Illa in nostrum stipendium sumimus, quae pro redimendis peccatis suis fideles obtulerunt. Non tamen contra peccata eadem uel oracionis studio uel praedicacionis* officio, *vt dignum est, insudamus,* ergo eciam indigni sumus gloria, ad quam veri pastores et boni rectores sunt vocati. Ergo *Salustius* vir ille canine facundie *In bello iugurtino*[2]) ait: *Post gloriam invidiam sequi memineris. Itaque quo clarior* fueris, *eo magis anxium* ac sollicitum te esse oportet. Debent tamen praelati et rectores per eleccionem rite vocati ad alios iudicandum more leonis, qui *est* rex et *princeps omnium bestiarum,* vt dicit *ysidorus 12. libro ethicorum*[3]), triformiter in iudicando se habere. Debent enim rectores interdum fortiter rugire per diram increpacionem Et debent interdum dulciter dormire per pyam dissimulacionem, debent eciam interdum acriter ferire per dignam punicionem secundum illud *prouerbiorum 28.*[4]) *Fugit impyus nemine prosequente, sed iustus quasi leo confidens absque terrore erit.*

Dixi primo, Quod Rector siue prelatus more leonis debet interdum fortiter rugire per increpacionem, vt assimiletur illi angelo, qui *clamauit voce magna, quemadmodum cum leo rugit Apoc. 4.*to[5]) Exemplo christi, qui beatum petrum acriter increpauit, quando dixit: *vade post me, sathanas, Scandalum mihi es, quia non sapis ea, quae dei sunt Math. 16.*[6]) Et exemplo beati pauli, qui docuit tytum dicens *ad tytum primo capitulo*[7]): *Sunt multi inobedientes, vaniloqui et seductores, quos oportet redargui, qui vniuersas domos subuertunt docentes, quae non oportet, turpis lucri gracia, quam ob causam increpa illos dure, vt sani sint in fide.* Et ideo dicitur in c. *licet helij de symonia*[8]), Quod *ad corrigendum subditorum excessus tanto diligencius debet praelatus assurgere, quanto dampnabilius eorum offensas deserent incorrectas. Vt tamen in omnibus diligens adhibeatur cautela sic et denunciacionis caritatiua correccio, sic et inquisicionem debet clamorosa insinuacio praeuenire.* Debent ergo aliorum rectores contra subditorum excessus fortiter rugire illos dire increpando, non corridendo. Sed proch dolor Aliqui vniuersitatis nostre magistri, qui ut luminaria, vt praeceptores, discipulis suis statuuntur, quos non solum increpare obmittunt, sed et ipsi primum delinquunt. Monet certe Satiricus *Iuvenalis In Satira 2a 4ti*[9]), Ne impudicis verbis, ne peruersis ac indecentibus operibus sibi commissos magistri offendant parentum more. Est enim comparacio parentis ad filium discipuli ad magistrum, cum ait:

Nil dictu fedum visuque hec limina tangat,
intra quot pater est; procul hinc procul inde puelle
Lenonum et cautus pernoctantis parasiti.

Numquid *Ezopi*[10]) vulgatum est prouerbium: *A boue maiore discat arare minor?* verum eciam est, quod Comicus poeta *terencius*[11]) ait *Ad* peyorem *partem applicari animum, si quis ad rem illam* sortitus sit *magistrum improbum.* Delicta enim maiorum de facili ab hijs trahuntur in exemplum *in canone praecipue xj. q. iij.*[12]) Et quod a praelatis agitur, facile trahitur subditis in exemplum in c. Magne de vo et vo redempcio. Suasum est ergo magistris et aliis liberorum praeceptoribus exemplo duplici. Primo poete *in Sathira prima libri 3tii*[13]), vt sic educent, sic

1) Luc. 10, 7. 2) Sall. bell. Iug. 55, 4. 3) Isid. etym. XII 2, 3. 4) Prov. 28, 1. 5) Apoc. 10, 3. 6) Matth. 16, 23. 7) Tit. 1, 10. 11. 13. 8) Decr. Greg. IX lib. V tit. 3 c. 31. 9) Iuv. sat. XIV 44—46. 10) Aesop.? 11) Ter. Andr. 192. 12) c. 3 C. XI qu. 3. 13) Iuv. sat. VII 210—212.

instituant liberos, quemadmodum giron Achillem, hic achilles, licet ex regia familia processerat seque fortissimum iactitauerat, tanta reuerencia magistrum suum, tametsi partim hominem partim equum excoluit, vt *metuens virge (iam grandis* erat*) Cantabat patriis in montibus et cui cauda magistri risum* nunquam mouit. 2° *valerij maximi* Exemplo, Quod *in fine 6. libri*[1]) narrat. Fuit enim *perdite luxurie,* quod *adolescens athenis polemo* nomine *non tantum illecebris, sed eciam ipsa infamia gaudens, dum de conviuio non post solis occasum, sed post ortum surrexisset domumque rediens xenocratis philosophi* ac doctoris eximij *patentem ianuam vidisset, vino grauis et delibutus unguentis, sertis* de floribus *capite redimito, perlucida veste* circumamictus *turbam doctorum hominum et scolam* xenocratis *intrauit.* Nec *tam deformi contentus introitu consedit, ut eciam clarissimi* doctoris *eloquium et prudentissima praecepta temulencie lasciuiis* inclamaret. *Orta* demum (*vt* dignum *erat*) *omnium* auditorum *indignacione xenocrates in eodem* statu *vultum* suum *continuit obmissaque* materia, *quam* suis auditoribus *disserebat,* de *modestia ac temperancia loqui cepit. cuius grauitatem sermonis* et vite bonitatem *polemo* considerans et aduertens *resipiscere* stulticias suas *coactus primo coronam capite detractam proiecit et paulo post brachium* suum *intra pallium reduxit, procedente tempore* conviuij *hylaritatem deposuit. Ad vltimum* vero *totam luxuriam exuit* Sicque *vnius oracionis medicina sanatus ex infami ganeone maximus philosophus* est effectus. Hec ille. Que, venerabilis domine rector, vna cum alijs nostris vniuersitatis maioribus, qui tanquam exemplaria ad aliorum instruccionem et gloriam sunt vocati, perpendite atque deuiantes a via morum et doctrine et negligentes discipulos fortiter increpate, vt sic de vobis propositum thema, quod ad aliorum vocacionem specialiter vos incitat, verificari possit, scilicet '*Multi sunt vocati*'. Et tantum de primo principali Et minus principali membro.

Duobus membris principalibus breuitatis gracia omissis 2° dixi et minus principaliter, Quod rector siue praelatus more leonis debet interdum dulciter dormire per piam dissimulationem, vt de ipso dicatur: *Accumbans dormiuit ut leo Numeri 24.*[2]) Dicunt enim naturales et *plinius*[3]) in suo speculo naturali, Quod *catulus* leonis 3^{bus} *diebus et noctibus dormit,* donec adueniente *patris rugitu excitetur.* Sic quilibet rector debet dormire i. e. dissimulare tribus diebus scilicet ante accusacionem, denunciacionem et inquisicionem non procedendo contra delinquentem *in c. licet Hely de Symonia*[4]), donec ipse excitetur fama uel clamore, Et tunc sui officij debitum exequatur. Et ut *Isidorus xij. libro ethicorum c. 2.°*[5]) dicit, Quod *leonum natura circa hominem est, vt nequeant irasci nisi lesi,* ex quo *eorum misericordia,* quia *prostratis parcunt, captiuos obuios repatriare permittunt, hominem non nisi in magna fama interimunt.* Ita rector iuste irascens non debet abicere compacienciam et misericordiam, quia *vera iusticia compassionem habet* in *canone vera 45 d.*[6]) *Miscenda est ergo lenitas cum seueritate* et *faciendum est ex vtroque temperamentum,* vt *neque multa asperitate exulcerentur subditi, Neque nimia benignitate soluantur in canone disciplina 45 d.*[7]) Quod *tullius* in *primo* suorum *officialium libro*[8]) clare demonstrat, cum dicit: In republica *nihil laudabilius et praeclaro viro dignius* est *placabilitate atque clemencia. Cauendum etiam est, ne maior pena, quam culpa sit,* infligatur, *et ne* in *eisdem causis aliqui plectantur, alij* vero non. *Maxime autem ira in puniendo est prohibenda,* quia *iratus, qui ad penam accedit, nunquam mediocritatem, quae est inter nimium et parum, tenebit. Optandum est* ergo, *vt hij, qui rei publice praesunt, similes sint legibus, quae ad puniendum non iracundia, sed equitate ducuntur,* Exemplo cuiusdam philosophi Archite tharentini (quod *valerius primo capitulo 4^{ti} libri*[9]) ponit). Is enim cum a studio et *praeceptis pitagore in patriam reuersus est, animaduertit* per *negligenciam* coloni sui praedia, *rura* ac agros suos *corruptos* et incultos esse,

1) Val. Max. VI 9 ext. 1. 2) Num. 24, 9. 3) [Plin. =] Isid. etym. XII 2, 5. 4) Decr. Greg. IX lib. V tit. 3. 5) Isid. etym. XII 2, 6. 6) c. 15 D. XLV. 7) c. 9 D. XLV 8) Cic. off. I 25, 88. 89. 9) Val. Max. mem. IV 1 ext. 1.

inquit: Nisi tibi iratus essem, supplicium et penam *a te sumpsissem. Malluit enim* eum *impunitum dimittere, quam propter iram iusto grauius punire.*

Debet et 3° Rector more leonis interdum acriter ferire per dignam punicionem, vt de ipso dicatur: *Similis factus est leoni in operibus suis et persecutus est impios primo macchab. 3.°*[1]) Non enim est crudelitas crimina punire, sed pietas. Dicet enim *Canon 23. q. v^ta*[2]): *Non est crudelis, qui crudeles iugulat, sed crudelis pacientibus esse videtur* et *eodem canone et quaestione*[3]) dicitur: *Qui viciis nutriendis parcit et fouet, ne contristet peccancium voluntatem, tam non est misericors quam qui non vult cultrum rapere puero, ne audiat plorantem, et non timet, ne vulneratum doleat uel extinctum.* Hec itaque, venerabilis domine rector, perpendite et contra nostre vniuersitatis statuta delinquentes animaduertite, praecipue contra nonnullos a studencium more sic degenerantes, vt ne quidem studencium veritas, sed vix quedam ymago studentis in eis reluceat. Quia rector et *praelatus, qui debitori culpas impune dimittit, non mediocriter profecto offendit in canone si is 23. q. 4.*[4]) vt secundum vestrum officium, ad quod vocatus estis, cum aliis in humilitate et mansuetudine obedientibus digne ambuletis, vt sic propositum thema de omnibus verificetur, scilicet *Multi sunt vocati.* Quod fuit thema in huius collacionis principio assumptum Et taliter, ut audistis, exiliter introductum.

In quibus quidem verbis pro conclusiua domini nostri rectoris recommendacionis Tria ad dominum rectorem requisita innuuntur. Primo, quod bonitate ferueat, subditos sibi protegat officio rectorali. In hoc, quod dicitur: *multi Mathei 24.*[5]) *Multi venient in nomine meo dicentes: ego sum christus, et multos seducent.* 2° ut dignitate polleat, vniuersitatem augeat exercicio singulari, cum subiungitur *sunt.* Sa*piencie xj.*[6]) *Diligis omnia, quae sunt, et nihil odisti horum, quae fecisti.* 3° quod puritate splendeat, rebelles corripiat flagello salutari, cum concluditur: *vocati. Prime petri 3.°*[7]) *In hoc vocati estis, ut benediccionem hereditate possideatis.* Per primum domino Rectori imponitur pastorale officium, quod diligencia consumatur, cum praemittitur in themate *Multi prime cor. 11.*[8]) *Inter vos multi infirmi et imbecilles* etc. et per 2^m indicitur virtuale ministerium, in quo eminencia declaratur, cum dicitur: *Sunt sap. 3.°*[9]) *Iustorum anime in manu dei sunt, illi autem sunt in pace.* Per 3^m committitur salutare exercicium, ut malicia extirpetur, cum concluditur *vocati, Ad hebr. 9.*[10]) *repromissionem accipiant, qui vocati sunt, eterne hereditatis.* Que, venerabilis domine rector, vigilanti animo perpendite et quae ad officium rectorale pertinent, diligenter considerate. In corrigendis excessibus non sitis remissus, in ferendis sentenciis praeceps, nec vehemens in vindicta, non pusillanimis in expectandis rebus, non citus ad promittendum, non tardus ad reddendum, non prodigus ad dandum, non tenax ad largiendum. Debet ergo rector subtili examine bona malaque discernere et illis, quibus praeest, quae et quando et qualiter congruant, studiosius cogitare, nihil proprium quaerere, sed suorum commoda reportare. Et qui sic bene praesunt tum pro sua tum pro gregis custodia, celestis regni gaudia habebunt per os veritatis in ewangelio *luc. xij. capitulo*[11]) promissa, vbi ait: *vero dico vobis, quod* fideles dispensatores, *constituet super omnia* in futura celi patria. Ad quam nos perducere dignetur Ihesus christus cum patre et spiritu sancto eternaliter benedictus. Amen.

Rectoratus assumpcio.

Handschr. Nr. 158. Bl. 20^b—21^b.

In nomine sancte et indiuidue trinitatis, patris et filii et spiritus sancti. Amen.

Venerabiles patres et eximii domini magistri, doctores ceterique quam venerabiliter commendabiles. Continuaturus more solito praesentem actum, in quo secun-

1) 1. Macc. 3, 4, 5. 2) c. 28 C. XXIII qu. 5. 3) c. 38 C. XXIII qu. 5. 4) c. 28 C. XXIII qu. 4. 5) Matth. 24, 5. 6) Sap. 11, 25. 7) 1. Petr. 3, 9. 8) 1. Kor. 11, 30. 9) Sap. 3, 1. 10) Hebr. 9, 15. 11) Luc. 12, 42.

dum nostre vniuersitatis morem hactenus obseruatum praemissa est rectoris recommendacio. Primo et principaliter mecum considero imperfectum. Nam eadem recommendatoria collacio deprimere videtur non, qualis ego sum, sed qualis esse debeat pro rectoratus officio deputandus. Dicit autem *Gregorius 24. moralium*[1]): *Non debet hominem ducatum suscipere, qui nescit homines bene viuendo praeire.* Nam ad officium praesidencie uel rectoratus non debet alius quam is deputari, qui etatis maturitate, morum grauitate et literarum sciencia commendabilis reputatur in capitulo cum in cunctis de eleccione. Utinam ergo domini mei electores sua consideracione vigilancius perpendissent onus et circumstancias officii rectoralis et vota sua non in personam meam, quae racione prudenciali destituta, quae tamen cuilibet rectori praecipue necessaria dinoscitur, et aliis mentis inepciis torpens invtilis conspicitur et inepta, sed pocius in alium contulissent, qui maturiori morum elegancia, grauitate morum et expergencia alciori fuisset legaliter insignitus, apud quem si praecellentissima theologie laus, si pontificium, si ciuile ius, si moralis sapiencia quaeritur, si medendi ars, si phisice obscuritas, si disserendi subtilitas, si certissimarum arcium disciplina, si cuncta haec illustrans eloquencia praesto sunt in hac inclita vniuersitate nostra in omni genere doctrinarum clarissimi praeceptores. Ideoque animo trepidante onus super me assumpsi officii rectoralis, mihi persuadens commendabilius fore clarissimis viris morem gerere quam torua facie secundis ac paternis eorum praeceptis contraire. Ex diuini tamen auxilii confidencia et vestrarum reuerenciarum assistencia michi accedit consolacio, quam mihi eciam quidam metrice suggerit dicens: *Incipe, perficies auxiliante deo.*[2]) Huiusmodi ergo assumpta confidencia hunc actum prosequendo repeto thema doctissimi venerabilis viri magistri *Thome Werneri* promotoris[3]) mei optimi, quod pro recommendacione rectoris vel pocius rectoralis officii deduxit satis late dicens: '*Multi sunt vocati*'. Et quid molesta est auribus delicatis vaga et effusa prolixitas, graciam autem parit moderata breuitas teste *Flacco Oracio*[4]) Zatirico: *quidquid praecipies, esto breuis ut cito dicta percipiant animi dociles teneantque fideles,* huius thematis ulteriori deduccione simul et diuisioni amplius non insistam. Id tamen verbum thematicum ad vos venerabiles eximios doctores et magistros, viros vtique famosissimos, dominos et promotores confidentissimos, tanquam lapides angulares et fundamentum huius inclite et scolastice cohortis, ad cuius gubernacionem et direccionem vna mecum vocati estis, deflecto. Praesidentes enim et aliorum rectores non ad delicias, ocium et quietem, sed ad curas, labores et pericula vocantur, ut beatus *Gregorius 17. moralium*[5]) testatur, qui ait: *Quanto quisque alcius erigitur, tanto curis grauioribus oneratur ipsis*que *populis mente et cogitacione supponitur,* quibus supponi videtur. Quod narrante *Valerio Maximo li. 7. capitulo 2°.*[6]) *Rex* quidem *subtilis iudicii, quem ferunt traditum sibi diadema, priusquam capiti imponeret, retentum diu considerasse et dixisse: O nobilem magis quam felicem pannum* et coronam; *quem si quis penitus cognoscat, quam multis sollicitudinibus et miseriis sit refertus, ne humi quidem iacentem tollere vellet.*

Inter alia tamen pericula, onera, labores rectorum et praesidencium incommoda primum siquidem periculum ex eo maxime eminet, quia plerumque ex causarum multitudine defectus accidit sollicite discussionis, quod vtique periculum cauens beatus *Iob*[7]) dicebat: *Causam, quam nesciebam, diligentissime investigabam.* Super quo *Gregorius*[8]) *ad proferendas sentencias videamus, ne vnquam praecipites* simus, *ne temere indiscussa iudicemus.* 2um rectoris et iudicis periculum est inordinata affeccio et passio, quae tanto cercius comitatur, quanto difficilius ab eo separatur. Vnde

1) Greg. mor. 24 c. 25 = Hiob XXXIII 18 (MPL 76 786, 54). 2) versus. 3) über promotoris steht fautoris. 4) Hor. ars poet. 235. 5) Greg. mor. 17 c. 21 (MPL 76 25 B). 6) Val. Max. mem. VII 2 ext. 5. 7) Hiob 28, 16. 8) Greg. mor. 19 c. XXV (MPL 76 628).

Augustinus quasi pro quodam miraculo narrat *in epistola* ad *Alipium*[1]) collegam suum eum nullo affectu, odio, timore atque praemio iusticiam subuertisse. 3[um] iudicis periculum paratur ex obliqua intencione aut iniusto animo, vnde scriptum est.[2]) *Quod iustum est, iuste exequaris.* Quasi dicere velit: Non est satis iudici iusta decernere, sed necesse est, si periculum vitare cupit, ut iusta iuste decernat i. e. recto animo agat ea, quae leges iubent. Postremo rectorum periculum est, quod solicitudinum morsus et formidinum aculeos vitare nequeant. Vellent enim ipsi vixisse secure, sed nequeunt. De hoc enim ait *Tullius libro 2.° officiorum*[3]) suorum: Sunt enim, *qui se metui volunt, a quibus metuantur, eosdem* ut *metuant ipsi necesse est.* Et ponit exemplum de Dyonisio tyranno, qui *cruciatu timoris angi solitus est,* in tantum, quod *cultros tonsoris metuens candente carbone adurebat capillos.* Non enim audebat prae timore ab aliquo radi barbam, sed eam adurebat carbone. Et Allexander Phereus, qui non audebat intrare cubiculum vxoris, autequam vnus *de stipatoribus* siue satellitibus suis *districto gladio* praeiret et scrutaretur, qui cum ea esset, et *ne quod in vestimentis telum occultaretur.* Qui tamen *ab ea propter pelicatus suspicionem interfectus est.*

Ad hec et pene infinita pericula et odia rectores et praesidentes sunt vocati potissime ad corripiendum multorum excessus a verorum studentium more et regula proch dolo nimium deuiantes. In scholastica enim nostra concione petulanti animo, vultu incomposito, vagis oculis, moribus nimis indisciplinatis, habitu histrionico nostre vniuersitatis studentes, non dico clientes, adeo procaciter incedunt, quia in eis nulla ymago studencium relucet, licet super his varie increpaciones fiant et correcciones plurime replicentur, nichilominus tamen quidam morum abusus de die in diem dedecorosius invalescunt. Sed verum est, quod *Franciscus Petrarcha libro 2.° de remediis fortune*[4]) scribit: Frustra *surdo canitur*, Et vere hi surdi, cum nec pias exhortaciones in mentem mittant et sinceras admoniciones veluti fabulas fictas obturatis auribus posthabere minime vereantur. Et quia huiusmodi mores monstruosos et alios excessus corrigere et studencium conuersaciones ad scolasticam flectere et instituere disciplinam rectoris officium est, ad quod ipse per eleccionem vocatur, ad cuius execucionem me fateor nimium imperitum, Ad vos itaque venerabiles patres, eximios viros doctores et magistros huius alme vniuersitatis alumpnos praecipuos affectum atque desiderium meum porrigo supplicans confidenter, quatenus in rectoratus mei officio mihi fidelem assistenciam faciatis, vt vestris maturis consiliis probatisque doctrinis eruditus pro incremento et gloria huius almi gymnasii valeam deo fauente rectoratus officium explere laudabiliter et honeste. Ita quod in vniuersitatis negociis nihil inconsiderate et inepte, in causis iudicandis nihil rude et inexperte, in penis infligendis nihil pertinaciter et iniuste facere me contingat.

Eligite igitur ex viris clarissimis, qui vobiscum sunt, viris inquam maturitate, sagacitate, prudencia atque omnis discipline sollercia praeditis ac dotatis Assessores experciores, Consiliarios prudenciores, iudiciales equiores, quorum consiliis et direccionibus sic rectoratus officium incipere audeam, vt et iam medium facti habere videar. *Dimidium* enim *facti* teste *Oracio*[5]) in *epistola ad Lollium, qui* bene *cepit, habet,* ut ex hoc praesens nostra vniuersitas incrementum capiat et in fama crescat pariter et honore ad laudem sempiternam et gloriam immortalem omnipotentis dei et tocius curie celestis. Ad quam nos perducere dignetur idem deus in secula seculorum benedictus. Amen.

Fiat diuisio nacionum.

---

1) Aug. epist.? 2) Deut. 16, 20. 3) Cic. off. II 7, 24. 4) Petrarca, rem. fort. II dial. 41. 5) Hor. epist. I 2, 40.

Exhortatio ad universitatem.

Handschr. Nr. 158 Bl. 160ª.

Exhortacio ad vniuersitatem proxima dominica ante festum Katharine.[1]) In nomine domini, amen. Patres optimi, vestris coram fulgidis reuerenciis in hoc pulcherrimo hominum conventu nihil aliud venit in mentem quam breuem iuxta statutorum tenorem exhortatoriam fieri collacionem pro induccione gregis nostre felicis vniuersitatis ad amplectendum illa, quae inducunt, promouent et perficiunt scolasticam disciplinam. Pro cuius effectuali execucione assumo verbum, quod ille gloriosus doctor et apostolus b. Paulus *ad Colo. j.*[2]) scribit originaliter et resumptum est in hodierno missali officio epistolariter, videlicet: *Ambuletis digne deo per omnia placentes.*

Celeberrimi patres et domini doctores, magistri, baccalarii ceterique mihi plurimum venerandi. Dum animaduerterim fructuose, vtiliter et digne hic ambulare volencium habititudines, prout ex magnorum sapientissimorumque scriptis exemplariter digestis didici, multas digne et fructuose ambulancium vtiles reperio condiciones, quas breuitatis causa verbis sub domesticis ad 4 reducam, sine quibus in studio digne ambulantis nomen vix aut nullo modo constabit, Nec iuxta thematis verbum deo vnquam per omnia placebit.

Debet namque hic in studendo digne ambulans deo suo creatori, sapiencie ac sciencie datori in timore et reuerencia esse seruiens, ocia et vicia detestans et abiciens, Studio virtutum diligenter et stabiliter insistens, Et finaliter suis praepositis doctoribus et magistris humiliter obediens.

Dixi primo, quod in studio digne ambulans suo creatori, sciencie datori cum timore et reuerencia seruire tenetur, et merito. Nam *omnis sapiencia a deo est ecclesiastici* 1. Sine qua nemo digne ambulat. Nam *omnium rerum generacio, cunctus mutabilium* rerum seu *naturarum progressus et quidquid aliquo* alio *modo* moratur, *causas, ordinem* et *formas ex diuine mentis stabilitate sortitur,* vt inquit venerabilis *boethius in de conso. philo. prosa 6. libri 4.*[4]) Cui alludit metrista:[5])

Ex ope celesti fit, quidquid habetur honesti,
Et venit a superis, quod agis aut ⟨quod⟩ mediteris.

Sapiencia si quis indiget, postulet eam a deo, et dabitur ei affluenter Jaco. j.[6]) Per reuerenciam et timorem aliquis fit dignus, ut hauriat scienciam a deo, quem reueretur et timet. Cuius racio *ecclesiastici j.*[7]) ponitur hec: Quia *timor domini expellit peccatum,* quod est priuacio virtutum et sapiencie. Juxta illud *sap. j.*[8]) *In maliuolam animam non introibit spiritus sapiencie.* Ideo ad acquisicionem virtutum et sapiencie praecipue timor domini tanquam quedam mentis requiritur disposicio. Idcirco *ecclesiastici j.*[9]) dicitur: *Inicium sapiencie timor domini.*

Debet insuper 2° digne ambulans iuxta thematis verbum ocia et vicia detestari et abicere. Vnde *quadrinus in suo quadripartito li. primo c. 14.*[10]) describens ocium dicit: *Ocium est irreuocabilis perdicio temporis, effectio vite invtilis, retrogradacio proficiencie culpabilis, gignens carnis desidiam, parans superbiam, accendens luxuriam, soluens vane et impudice linguam, nutriens egenciam, procurans rapinam, et eciam iniusticie et malicie introducens turpitudinem.* Erubescant igitur secundum *tullium in libro* suo *officiorum*[11]) Indociles et ydiote, qui ocii vicio deturpati nullam aut paucam studio adhibent solicitudinem. Hij virtuosorum et studiosorum proprietates penitus abiciunt et effugiunt. *Homo enim prudens, studiosus et virtuosus nunquam ocio vacat, sed aut mente excitatur aut corpore,* vt dicit venerabilis *seneca in tractatu virtutum cardinalium capitulo de prudencia.*[12]) Quamuis homo talis, prudens

1) 20. November 1474. 2) Col. 1, 10. 3) Eccli. 1, 1. 4) Boet. phil. cons. IV pr. 6. 5) versus. 6) Jac. 1, 5. 7) Eccli. 1, 27. 8) Sap. 1, 4. 9) Eccli. 1, 16. 10) Quadr.? 11) *Cic. off. 12) Sen. quat. virt. II 10 (H. III 470).

videlicet et studiosus secundum eundem *senecam*, vbi supra, *non* sit *semper in actu, sed animo* suo *interdum requiem* praestat. *Ipsa* tamen *requies plena* est *sapiencie studiis et cogitacionibus bonis. Habet* enim *aliquando remissum* et iocundum *animum, nunquam* autem *dissolutum* malicie ac lasciuie penitus immersum.

Debet et singulariter quilibet hic digne ambulans omnia vicia in communi fugere, Quia per studiosam et diligentem viciorum remocionem ipsa mens tanquam bonus ager ad insercionem virtutum et scienciarum colitur et praeparatur. Propter quod *aristoteles j ethicorum*[1]) dicit, *Quod passionum*, quae ad vicia incitant et inclinant, *amatores* Sciencie de virtutibus *sunt invtiles auditores.* Vicium enim opponitur virtuti, quia autem opposita mutuo se excludunt, ideo vicium mentem occupans non admittit apprehensionem sciencie et virtutis, propter quod *Eustracius circa j Ethicorum*[2]) dicit: Oportet reluctari contra vicia et passiones seruitiuas, quae si praevaluerint in homine, vires anime impediunt, iudicium racionis remittunt et lumen intellectus auferunt, suum possessorem bestialem reddunt et ipsum a condicione humane excellencie prosternunt. Et praecipue necessarium est vicium inconstancie declinando fugere. Dicit enim *seneca* in *summa moralium virtutum capitulo*[3]) contra instabiles: *Non prodest cibus nec corpori cedit in salutem, qui statim sumptus emittitur.* Non procurat *sanitatem remediorum* frequens *mutacio*, sed *impedit. Non conualescit planta, quae sepe transfertur,* sed vilescit. Sic per multa vagari loca *non* dirigere, *sed errare est.*[4]) Frequens enim migracio signum instabilis est animi. Nec expedit infinitos libros euoluere. *Fastidientis*[5]) enim *stomachi est multa degustare, quae cum varia sint, plus inquinant* et corrumpunt, quam *alunt* et nutriunt. Non eciam faciliter desideratum apprehendit terminum, qui *per multas vias vagatur*[6]), sed *qui vnam* et certam *viam* comitatur. Sic *leccio certa prodest, varia* autem animum confundit et in confusionis fundum praecipitat. Haec ille. Est eciam super omnia deprauatorum fugiendum consorcium. Unde dicit idem *Seneca*[7]) *in summa de turba vitanda: Inimica est multorum conuersacio. Nihil* enim *tam dampnosum bonis moribus quam in aliquo spectaculo* turpi *residere. Vnum*[8]) enim *exemplum* turpitudinis *multa* ingerit et *facit.* Propter quod dicitur *prouerbi 23.*[9]) *Audi, fili mi, et esto sapiens et dirige in viam bonam animum tuum. Noli esse in conuiuiis potatorum nec in commessacionibus eorum, qui carnes ad vescendum conferunt,* videlicet per varias et dampnosas detractiones. Quia hi consumentur inopia videlicet turpitudinis in huius miserie via et pene interminabilis in vita futura. Et subdit dominus: Cui ve, cui rixe, cui fouea, cui vulnera, cui suffusio oculorum? Nonne hijs, qui morantur in vino et student calicibus epotandis? Ingreditur vicium, blande splendet in vitro color eius, in nouissimo mordet ut coluber. Et sicut regulus serpentum venena diffundit. Sic enim ambulantes non sunt isti, de quibus thematis sunt verba. Ideoque illos pie exhortando ad oppositum dicit apostolus: *Ambuletis digne deo per omnia placentes.* Tantum de primo.

Tercio membro causa breuitatis omisso dixi Quarto. Quod quotlibet membrum virtuosum hic digne ambulans debet suis praepositis directoribus, doctoribus et magistris esse humiliter obediens. Ad quod hortatur Egregius *aristoteles primo ethicorum*[10]) dicens: *Optimus est per se multa intelligens, qui autem talis non est nec intelligenti ne bene docenti obedit, hic penitus invtilis est.* Et auditor clauium sciencie indignus est sciencia, qui sciencie praeceptoris non obedit. Cuius racio est: Quia diuina benignitas, quae omnia condidit *in pondere*, certo *numero* et *mensura Sap. 11.*[11]) Naturas rerum ita instituit, vt quedam essent superiora et quedam inferiora, Et ut superiora inferioribus praeciperent, regerent et excessus corriperent. Quod experimur et videmus in hijs, quae sunt supra nos, in nobis, iuxta nos, et

1) Arist. eth. I 3 1095a 4. 2) *Eustratius, comm. in Arist. XX (Heylbut 25, 30). 3) Sen. epist. mor. I 2, 3. 4) V 4, 1. 5) I 2, 4. 6) V 4, 1. 7) Sen. epist. mor. I 7, 2. 8) I 7, 7. 9) Prov. 23, 19. 20. 10) Arist. eth. 1 2 1095b 10. 11) Sap. 11, 21.

infra nos. Supra nos cognoscimus et scimus ex intellectu scripture deum gloriosum tocius creature fontem et conditorem, Celestes spiritus mittere in ministerium et ipsis tanquam ministris autoritatiue praecipere *ad hebreos primo.*[1]) Scimus eciam, quam dure et quam interminabiliter flagellat inobedientes, utpatet de lucifero *Isa. 14.*[2]) Scimus similiter ipsum celum, quod inter corpora est nobilius supremum et excellencius, alia corpora inferiora dirigit, regit et eorum excessus corrigit *j celi*[3]), *j metheororum*[4]) *et 2º de generacione.*[5]) In nobis eciam ordinem regiminis et obediencie secundum naturam a deo recte institutum invenimus. Virtutes irascibiles et concupiscibiles naturali ordine per racionem diriguntur *ex 3º ethicorum*[6]) *et 3º de anima.*[7]) Et anima naturaliter imperat corpori et corpus obedit, vt dicit *Seneca libro 2º epistolarum suarum Epistola 3ª.*[8]) *Et in summa virtutum capitulo contra gulam corporis.* Nam per hoc, quod in homine corpus uel appetitus sensitiuus regit et racio obedit, homo dignitate humana expoliatur et bestiis coequatur. De quibus *Seneca*[9]) in tractatu *de Summo bono* dicit: *Ve vobis hominibus, qui de numero bestiarum estis, diuinum, quod in vobis est, non cognoscentes, per quod ad superiora ascenditis et similes deo estis.* Invenimus similiter ordinem in hijs, quae sunt iuxta nos i. e. in hominibus non solum christicolis, sed eciam in cunctis terre nacionibus. Vnde dixerunt Judei ad Samuelem prophetam *primi Regum 8.*[10]) Da *nobis regem sicut habent cuncte naciones.* Vnde dicit b. paulus, vas eleccionis *ad Roma 13.*[11]) Quod potestas in hominibus a deo est ad correccionem malorum et gloriam bonorum. Et ideo ut idem dicit apostolus, *Qui potestati resistit, dei ordinacioni resistit.*[12])

Est eciam ordo in hijs, quae sunt infra nos. Vnde catulus se inclinat in facie leonis eo quod iuxta cursum naturalem leo aliis brutis animalibus tanquam rex praeponitur. Cum igitur, prout auditum est, natura inferiora superioribus ad obediendum subiecit, merito in his, quae secundum racionem et lumen intellectus viuunt, inferiora superioribus tenentur obedire. Vnde *b. petrus in sua canonica*[13]) dicit: *Mulieres viris, seruos dominis et viros regibus et ducibus tanquam a deo praepositis debere obedire.* Et dominus praecepit *Exo. xx.*[14]) *et deutoronomio v.*[15]) vt *filii parentibus obediant et eos omni honore dignos habeant.* Si igitur principibus obediendum est ex eo, quod disponunt et regunt bona fortune, et parentibus, ex eo, quod conferunt bona nature, Quanto magis magistris et doctoribus, qui elargiuntur et conferunt suis discipulis bona virtutis et sciencie, Que disponunt ad bona gracie et glorie. Ad quae bona cum digne hic ambulantibus et per omnia iuxta thematis verbum deo placentibus perducat uos dominus noster Jhesus christus eternaliter benedictus. Amen.

Legantur Statuta.

Handschrift Nr. 158 Bl. 164ª.

In dominica Judica in die Gregorij.[16])

In nomine dei, amen. Spectabiles Clarissimique viri, patres et domini doctores, magistri ceterique in ihesu christi visceribus singularissime diligendi. Maiorum nostrorum et nostros flebiles casus, si memores simus dierumque antiquorum cogitemus generaciones a tempore, quando diuidebat altissimus gentes et quando separabat filios Adam, miseram mortalium condicionem omnibus miseriis erumnis et viciis plenam per inobedienciam esse reperiemus. Hoc tam detestandum facinus malorum omnium radix et humani generis exicium fuit. Per hoc quasi reseratis postibus victricia vicia orbem intrauere terrarum, nuda egestas et sollicitudines

1) Hebr. 1, 7. 2) Isa. 14, 12. 3) Arist. de cael. I. 4) Arist. meteorol. I. 5) Arist. de gen. II. 6) *Arist. eth. III 15 1119ᵇ 15. 7) *Arist. de an. III 9. 8) *Sen. epist. mor. II 15. 9) [Sen. de sum. bono?] 10) 1. Reg. 8, 5. 11) Rom. 13, 4. 12) Rom. 13, 2. 13) 1. Petr. 3, 1. 14) Exo. 20, 12. 15) Deut. 5, 16. 16) Am 12. März 1475 von Johannes Kleine gehalten.

anxie, pallentes morbi et miseranda senectus, seruitus, exilium, labor indeficiens, Et, ut multa in vnum colligam, fortune lubricum ac cum hijs mors homini certa et in nichilum fere redigens cuncta sub sole nascencia. Si cetera deessent inobediencie exempla, que diuinis et in humanis codicibus permulta reperiuntur, Vnum istud ad euacuandum mentis nostre proteruiam suffecisse debuerat hijs, qui elata in celum ceruice arbitrantur pedibus calcare sidera et stulta cordis opinione diuinis et humanis legibus parere recusant. Si Adam diuina manu compositus, rerum dominus, immortalis homo deoque familiaris et incola paradisi, ob inobedienciam vnam tam graui pena mulctatus et, Quid de nobis miserrimis fiat nostrisque studentibus, qui vilipensis statutis atque legibus vniuersitatis nostre ab omnibus iuratis a studencium more sic degenerant, vt nec quedam studencium veritas, sed vix quedam ymago studencium in eis reluceat, Qui ambicionibus vagis et incompositis moribus petulanti animo, effreno vultu, procaci lingua, habitu dissoluto et inhonesto et aliis mille peccandi generibus die omni, dum opere nequeunt, cogitacione saltem nephanda comittunt atque excedunt, Et reuera tempestate nostra ita vicia in multorum cordibus radicata sunt atque dampnosa crimina, vt ausim cum *Juuenale*[1]) dicere:

Nil erit ulterius, quod nostris moribus addat
Posteritas, Eadem cupient facientque minores.
Omne in praecipiti vicium stetit.

Et idem, quod *Flaccus oracius*[2]) Sanctissimi Ieronymi familiaris admonuit *in libro 3° odarum in oda ad populum romanum:*

Etas parentum peyor auis tulit
Nos nequiores mox daturos
Progeniem viciosiorem.

Quae progenies iuvenilibus desideriis ita occupabitur, quod *nulla grauitate constringetur In Canone quorundam 34. dis. in principio.*[3])

Quo attento Alma et praeclara vniuersitas nostra statuit, vt Rector pro tempore existens bis sub suo rectoratus officio In hyeme circa festum sancte katharine iam praeteritum et circa festum sancti Gregorij, cuius hodie dies annua agitur, legi faciat vniuersitatis statuta, Ibique oracione breui et succincta praemissa, si quid reprehensibile viderit, arguere debet, vt mali, dissoluti, indomiti et excedentes reprehensione dura castigentur et a deviis in rectas semitas morum, disciplinarum et virtutum perducantur. Quare iuxta incumbens mihi officium pro breuissima admodum oracione habenda assumo verba *Ewangelij* dominice currentis *Johannis* 8^uo^[4]) scripta originaliter et pro praesentis collacionis exordio assumpta thematizaliter, scilicet: '*Si veritatem dico, Quare non creditis mihi?*'

Si veritatem dico, quare non creditis mihi? Eximii praestantissimique patres et domini doctores magistri ceterique viri et fratres humanissimi, vt verba ewangelij vestris proposita dignitatibus oracioni mee congruant, Assumo illud quod facundissimus orator et philosophus *firmianus lactancius libro primo de falsa relligione*[5]) contra errores gentilium inquit. Cum enim *pauci vtuntur celesti beneficio ac munere* veritatis eo, *quod obvoluta in obscuro veritas latet eaque uel contemptui doctis est, quia ydoneis assertoribus eget vel odio indoctis ob insitam sibi austeritatem, quam natura hominum procliuis in vicia pati non potest. Nam quia virtutibus amaritudo permixta est, vicia vero voluptate condita sunt, Illa offensi hoc deleniti feruntur in praeceps et bonorum specie* et *falsa pro bonis amplectuntur, Succurrendum ergo hijs erroribus necessarium credidi, Vt docti* et aliorum rectores *ad veram sapienciam* et veritatem *dirigantur, Et indocti* aliis obedientes ab arguta malicia compescantur.

---

1) Iuv. sat. I 147–149. 2) Hor. od. III 6, 46. 3) c. 1 D. XXXIV. 4) Joh. 8, 46. 5) Lact. div. inst. I 1, 7.

Primo igitur debent aliorum directores et praeceptores veritatem vite et doctrine aliis tradere subtiliter et fructuose *luce 20.*[1]) *Magister, scimus, quia recte dicis et doces et non accipis personam hominis, sed in veritate viam dei doces.* 2°. debent auditores et studentes prudenciam et veritatem capere vtiliter et studiose *sap. 8uo.*[2]) *Sobrietatem enim et prudenciam, iusticiam et virtutem* docet veritas. Que omnia in proposito themate explicantur, cum dicitur: *Si veritatem dico, quare non creditis mihi?*

Dixi primo, quod aliorum directores et praeceptores debent veritatem vite et doctrine aliis tradere subtiliter et fructuose. Quia ad viros scolasticos, qui alios docent viam veritatis, pertinet in illis viis ambulare et veritatem libere pronunciare. Quia *qui veritatem non defendit, quam defendere quit, proditor est veritatis In Canone Nolite timere 11 q. 3.*[3]) Quia *melius est pro veritate pati supplicium, quam pro adulacione assequi beneficium in Canone Nemo loco* vbi supra[4]) *Chrisostomus super matheum,*[5]) ymno ille *non solum proditor est veritatis, qui transgrediens veritatem pro veritate mendacium palam loquitur, sed eciam ille, qui non libere veritatem pronuncciat, quam libere pronuncciare oportet. Verba sunt canonis eadem causa et questione.* Idem *Augustinus* in *quadam epistola*[6]): *Quisquis metu cuiuslibet potestatis veritatem occultat, Talis iram dei super se prouocat, quia magis hominem quam deum timet.* Et *seneca* de ista veritate *in epistolis*[7]) suis ait: *Cupio omnia,* quae scio, in alium *transfundere et in hoc gaudeo aliquid discere, ut doceam,* Quia *nullius boni sine socio iocunda est possessio.* Ad hoc faciendum hortatur nos gloza beati *Augustini*[8]) *Ecclesiastici 14.*[9]) dicentis: *Da et accipe et iustifica animam tuam* i. e. verbum doctrine et veritatis proximis impende et bonorum operum exempla relinque, vt accipias praemia vite eterne. Et hec veritas nequaquam est dimittenda, Quia *vtilius scandalum nasci permittitur, quam* quod *veritas relinquatur Extra de regulis iuris Qui scandalisauerint*[10]), Et sunt verba *gregorii in* quadam *omelia super ezechielem*[11]), Et *tullius* in *quadam inuectiua contra cathelinam*[12]) ait: *O magna vis veritatis, quae contra* omnium *ingenia, calliditatem, sollerciam contraque fictas omnium insidias facile per se ipsam se defendit.* Et *in libro de* vera *amicicia*[13]) ait: *Nescio, quomodo verum est, quod in Andria familiaris meus Therencius*[14]) *ait: Obsequium amicos, veritas odium parit. Molesta* enim est hominibus *veritas, siquidem exinde nascitur odium, quod est amicicie venenum.* Istud pandit exemplariter veteris et noui testamenti veritas luculenter. Achab oderat micheam prophetam, quia ille dicebat ei veritatem *3 regum 22.*[15]) *Ego,* inquit, *odi eum, quia* non *prophetat* nisi *malum.* Zacharias filius Joiade, qui regem et principes arguebat, pro veritate interfectus *ij paralip. 24.*[16]) Quia Johannes baptista dicebat herodi veritatem: *Non licet te habere vxorem fratris tui,* decollatus est *math. 14.*[17]) *marc. vj.*[18]) Pharizei ceco nato a domino illuminato maledixerunt et extra synagogam proiecerunt pro eo, quod veritatem constantissime fatebatur *Joh. ix.*[19]) Dicit ibidem saluator noster: *In iudicium ego in hunc mundum veni, ut, qui non vident, videant, et qui vident, ceci fiant.* Caueant ergo aliorum directores hanc cecitatis participacionem, ne *Jeremie*[20]) illud *propheticum* de eis verificetur: *Ve pastoribus israel, qui pascebant seipsos et gregem meum non pascebant,* lac comedebant et lanis operiebantur et quod crassum erat, occiderunt, et, quod infirmum, non solidauerunt, quod egrotum, non sanarunt, et, quod abiectum, non reduxerunt, et, quod perierat, non quaesierunt, sed cum magna austeritate et potencia eis imperabant. Aliorum vicia puniunt et sua corrigere non student. Id dicitur *in Canone iij. 9. 7.*[21]) Iudicet ille de alterius errore, qui non

1) Luc. 20, 21. 2) Sap. 8, 7. 3) c. 86 C. XI qu. 3. 4) c. 81 C. XI qu. 3. 5) Chrys. in Matth. hom. 25 = c. 86 C XI qu. 3 = Thom Hib. man. flor. Ver. y. 6) Aug. epist.? 7) Sen. epist. mor. I 6, 4. 8) Aug.? 9) Eccli. 14, 16. 10) Decr. Greg. IX l. V tit. 41 c. 3. 11) Greg. hom. Ezech. I, 7 (MPL 76 1225, 5). 12) Cic. pro Cael. 26, 63. 13) Cic. de am. 24, 89. 14) Ter. Andr. I 68. 15) 1. Reg. 22, 8. 16) 2. Chr. 24, 20 f. 17) Matth. 14, 4. 18) Mc. 6, 18. 19) Joh. 9, 34. 20) Jer. 23, 2. 21) c. 3 C. III qu. 7.

habet in seipso, quod condempnet. Tales enim veritatem odientes, ut dicitur *Jere. 4.*[1]) *Sapientes sunt, ut faciant mala,* sed gloria eorum in ignominiam connumerabitur *Peccata populi mei comedent et ad iniquitatem sublimabunt animas eorum.*[2]) Idcirco *j. regum 8.*[3]) dicitur: *Acceperunt munera et peruerterunt iudicia.* Quanta enim periuria admittuntur propter munera, sepius docet rerum expergencia. Sed heu *accusator erit, verum qui dixerit,* dicit *Juuenalis* ille poeta *in Sathira prima.*[4]) Audiant hec magistri huius felicis vniuersitatis, qui aliorum directores statuuntur et praeceptores, Ne ea domi faciant, quae in scolis arguunt. Nam secundum venerabilem *senecam in quadam epistola*[5]) A nobis sic est faciendum et dicendum, ut, quae sunt verba, sint et opera. Que quidem *verba* si debitis *operibus* non *concordar*ent, plus mendosa quam vera essent. Teste *cassiodoro in quadam epistola*[6]) sic inquiente *Ipsa est virtus suauissime armonie, quando vox cognoscatur operibus consonare. Nam hec due res si discrepabili veritate sibi senciant, nequaquam temperatam efficere valent melodiam. Nec ad aures virorum proborum veniunt, quae mutua contrarietate se confundunt.* Tales enim ita ambulantes, si qui sunt, *ceci sunt duces cecorum, cadentes simul cum quibus ducatum praebent, in foueam math. 15.*[7]) Tales sunt sedentes super cathedram moysi atque pestilencie, Ea, quae dicunt, non faciunt *math. 23.*[8]) Que iuxta meum officium corripiendo pro posse tetigi secundum propositum thema dicendo: *Si veritatem dico, quare non creditis mihi?* Et tantum de principali primo.

Dixi 2° et breuissime, quod Auditores et studentes debent prudenciam et veritatem capere vtiliter et studiose, et hoc per exercicium scolastice veritatis, quod praecipue in tribus consistit, scilicet in audiendi sedulitate, in legendi assiduitate, in conferendi strennuitate. De primo dicit *b. Ieronimus ad eustochium virginem*[9]) *Noctibus bis terque surgendum* ad *reuoluenda* volumina, vt, *quae ex scripturis legeras, memoriter teneas.* Et *ad pamagium et oceanum*[10]) ait: *Dum essem iuuenis,* nimio *discendi ferebar feruore Nec iuxta quorundam praesumpcionem ipse me docui.* Et multo tempore disce, ut doceas, nec laudatoribus, sed derisoribus tuis libencius aures accommoda. Oportet namque ab eo scienciam discere scripturarum, qui eam a maioribus suis secundum veritatem sibi traditam seruat *37. dis. relatum.*[11]) Eciam multo tempore disce, ut postmodo doceas *16 q. 1. sic viue.*[12]) Et subditur: *non ipse te doceas Nec absque doctore ingrediaris viam, quam nunquam ingressus es. Quia magistri erroris erunt, qui veritatem a suis maioribus non didicerunt.* Ad idem moralissimus *katho*[13]) *Disce, sed a doctis, indoctos ipse doceto.* Quasi dicat: qui alium vult instruere, prius sit instructus. Ad idem sonat *j° ethicorum aristotelica*[14]) sentencia: *Optimus est, qui per se multa intelligit, qui autem per se non intelligit nec intelligenti et bene docenti credit, hic penitus invtilis est.* Ideoque iuxta doctrinam *moralis.*[15])

Ne pudeas, quae nescieris, te velle doceri,
Pauca scis, si discere vis, tibi multa patescunt.

De 2° dicit *Apostolus j^a ad thymo. 4.*[16]) *exemplum esto fidelium in verbo et conuersacione, in caritate, in fide, in castitate, dum venio, attende leccioni, exhortacioni et doctrine.* Noli negligere graciam, quae est in te. Et habetur illud *in Canone 38. dis. c. j.*[17]) Cuius oppositum faciunt ociosi, non aduertentes, quod ocium omnibus viciis ministrat alimenta.[18]) De 3° vero dicit b. *gregorius*[19]): *Ferrum quippe nostre mentis ad acumen non potest pervenire veritatis, nisi hoc alterius eraserit lima prauitatis 7. q. 1. 3. cum autem.*[20]) Ita secundum venerabilem *senecam*[21]) Conferendi et discendi exercicia hominem *clarum et nobilem efficiunt* et praemultis reuerendum.

1) Jer. 4, 22. 2) Hos. 4, 7. 3) 1. Reg. 8, 3. 4) Iuv. sat. I 161. 5) Sen. epist. mor. II 8, 2 (20). 6) Cassiod. epist.? 7) Matth. 15, 14. 8) Matth. 23, 2 s. Ps. 1, 1. 9) Hier. epist. 22 (MPL 22 121). 10) Hier. epist. 84 (MPL 22 523). 11) c. 14 D. XXXVII. 12) c. 26 C. XVI qu. 1. 13) Cato dist. IV 23. 14) Arist. eth I 2 1095^{b} 10. 15) Cato dist. IV 29. 16) 1. Tim. 4, 12 s. 17) c. 1 D. XXXVIII. 18) Hier folgt das Stück aus der andern Exhortacio Bl. 2, 1—14. 19) Greg. = ? 20) c. 48 C. 7 qu. 1. 21) Sen. epist. mor. II 9, 2 (21).

Vt enim dicit *boethius in primo de consolacione prosa prima*[1]) *Homines enim quantumcunque quoad personam sint despecti, efficiuntur reuerendi et acceptabiles per sapiencie collacionem.* Ideo eciam *Tulius*[2]) dicit, quod sola philosophia i. e. veritatis sapiencia est, quae confert honores, propter quod non solum in iuventute, sed eciam in cuiuslibet etatis tempore studendum est. Dicit enim *seneca in epistola 76.*[3]) *Quamdiu viuis, tam diu discas.* Et in summa qua supra de commendacione studiorum dicit: *Omnis etatis homines scola admittit. tam diu* enim *discendum est, quamdiu nescis.* Cui alludit *katho*[4]) in hijs metris.

Instrue praeceptis animum, ne discere cesses.
Nam sine doctrina vita est quasi mortis ymago.

Sunt enim aliqui, Colendissimi patres et domini, quos praeterire silencio contra propositum thema, scilicet: *Si veritatem dico, quare non creditis mihi?* esset, Qui extant iniquitatis filij, a quorum oculis timor dei penitus abcessit, qui nocturnis temporibus fenestras vitreas, cancellos, sepes et alia huiusmodi non modica violencia rumpere, frangere et deponere nitentes et praesumentes ausu dyabolico penam malediccionis cayn indubie incurrendo deuastarunt et sunt demoliti non modicum in animarum suarum periculum ac studiosorum perturbacionem atque ipsius vniuersitatis, cuius bonum, obedienciam et observanciam statutorum iurauerunt, Confusionem, detrimentum, iuiuriam, maximum pariter et grauamen. Et illos huiusmodi iniuriatores nec non auxiliatores deuastatores illos eciam, qui in huiusmodi factis detestandis operam eciam eis dederint uel fauorem nec non praedictorum celatores et conscios corrigat censura ecclesiastica aut prouisio alia comodosa. Minime proh dolor plures ex illis curant et curabunt periuria et falsissima producere iuramenta, quod partim habui in notabili expergencia. Sunt eciam aliqui, qui spreta in vestibus eorum omni honestatis forma plurimum delectantur esse difformes. Hij sunt, qui vestibus non cinctis, rostratis calceis, colleriis cancellatis, apertis et nimium depressis meretricum more deambulant, Capuciolis suis in modo birreti fractis in plateis publice clientum more incedunt, putantes ipsis hoc honoris esse, quod longe amplius in derisum apud sapientes venit. Arrigant hi et non contineant aures suas, quos in parte ista mordet oracio, Et secundum propositum thema veritatem diligenter auscultent et alacri animo eam suscipiant illique credant et firmiter inhereant, statutis inclite vniuersitatis nostre humiliter obediant turgidaque colla et grauatos in vicium oculos reuerenter flectant sacrumque paciantur obediencie iugum, vt omni superbia et inobediencia deposita post paucos nostre mortalitatis dies ad sempiternam gloriam, quam primorum parentum inobediencia abstulit, feliciter pervenire valeamus. Quod nobis praestare dignetur, qui est in secula eternaliter benedictus. Amen.

Legantur statuta.

Oracio in lectione statutorum in estate circa festum vrbani In Rectoratu Magistri Iohannis forchheym.

Handschr. Nr. 1478. Bl. 219ª—219ᵇ.

— — — Assumo verba ewangelij *Iohannis 3.*[5]) originaliter scripta et in hodierne festiuitatis ewangelio[6]) doctrinaliter lecta, scilicet *Tu es magister in israel.*
— — — Audiant hoc et ponderent magistri vniuersitatis nostre, qui aliorum praeceptores statuuntur, qui ut luminaria discipulis suis locantur, et hij primum delinquunt et suis in scandalum statuuntur. Discipulis enim et studio phylosophie posthabitis conventicula inhonesta atque insolencias contra maiores eorum faciunt, Et quod dictu fedum est, quomodo hij, qui ceteris se volunt videri sapienciores et

1) Boet. phil. cons. (?) 2) *Cic. 3) Sen. epist. mor. IX 5, 2. 3 (76). 4) Cato dist. III 1. 5) Joh. 3, 10. 6) Also gehalten 24. Mai 1472.

ad unguem, ut putant, singula regulantes et factis maiorum in angulis obtrectantes, honestatem aliis suadere poterint, quos et rude vulgus non aleatores tantum, sed goliardos et insulsos appellat. Cartiludium sepe fragmentatum colligitur, venus cantatur, alea mouetur, taxilli iaciuntur. Cum haec aguntur, colligit domicellus aut servus taxillos et quae a magistro et domino didicerat, ne in opera et diligencia deficiat, ocius in praxim ponit. — —

Proch dolor nonnulla vniuersitatis nostre supposita omni veritate et sapiencie studio postposito a studencium more sunt sic degenerancia, vt nec quaedam studencium veritas, sed vix ymago studentis in eis reluceat, qui spreta in vestibus eorum omni honestatis forma plurimum delectantur esse difformes. Hij sunt, qui rostratis calceis, colleriis cancellatis et apertis aut sericis filis septis, pectoribus suis puta iopulis patentibus deambulant puellarum more. Hij si quid noui in tunicellis, schubis, palliis aut iopulis a tergo apertis clientum more repererunt, mox rude vulgus et effeminatos insequuntur, putantes ipsis hoc honoris esse, quod longe amplius in derisum apud sapientes venit. — — —

Am Ende: legantur statuta.

Hdschr. Nr. 1478.

Bl. 78ª—79ᵇ. 5ᵗᵃ feria post Invocauit sermo ad clerum. Von Kleine geschrieben. Viell. 1480. Darin heißt es Bl. 79ᵇ.

Credo certe et veritas est quod non sit huius temporis contra mores atque excessus nostrorum studencium peruersos facillimum reponere obicem. Tot enim invndauerunt ac tanti, quod eciam si linceis vteremur ocellis, non poteramus circumspicere, quanti. — — Iam enim ceruleos tortis cornibus nostri studentes miscere videntur colores. Iam eciam plicatas sericeis listis bicolore aut tricolore intextis (vti in curiis principum vasalli super praecordiis apertis conspiciuntur) gestare camisias, Quod quidem nedum ipsis, sed verum eciam ipsis laycis in alta genealogia progenitis ad deferendum in legibus Imperialibus reperitur inhibitum, Colleria eciam olim vix vnius digiti, modo ad vlne medie extensionem temeriter et sine verecundia deferunt cancellata, caligarum rostra, capuciola hystrionum more incisa, vittas effeminatas, alia denique innumera hic ad referendum satis tediosa sic quod ex vnius fatui nouella et invsitata accione decem et pauloplus et ymmo quasi centum videntur prosilire Non profectus studiorum, sed pocius conflictus quaeritur animorum. Non quaerunt disciplinam, sed cauponem, non scolas, sed tabernas, Non literarum studia, sed alearum, lutinarum atque cartarum praeludia, Per que quidem et singula nostra laudauit concio continuum minatur occasum. Iam enim verificatur illud, quod refert *macrobius libro primo saturnalium*[1]), de nostris studentibus. Sicut ante tempora vocitati sunt *nominatissimi disputatores*, nunc autem nominantur *egregii potatores, scribere conuerterunt in bibere* et studere in ludere. Plus vacant commessacionibus quam leccionibus, plus student in *calicibus* quam in *codicibus*, plus quaerunt tabernam quam lucernam, plus vinum et cereuisiam quam summum bonum et phylosophiam.

Die Zitate.

Melius est conferre quam legere heißt es an einer Stelle der Reden. Gegen 200 Zitate aus klassischen und ungefähr ebensoviel aus mittelalterlichen Autoren, außerdem eine Fülle von Bibelzitaten ist verwendet. Da sie sich nicht selten wiederholen, so liegt die Vermutung nahe, daß es sich in den meisten Fällen um ganz bekannte Stellen handelt, die oft zitiert wurden und aus Sammlungen stammen. Das würde auch zu der Tätigkeit der Studierenden stimmen, die der Rektor in einer der Reden auffordert, sie sollten sich auszeichnen durch den Eifer im Hören,

1) [Macr. sat.] = cf. Petrus Bles. epist. VII (MPL **207** 31 B).

durch die Beständigkeit im Lesen und durch die Energie, Stellen zu sammeln (conferendi strenuitate).

Die Zitate geben einen vollständigen Einblick in die Bibliothek und in die geistige Rüstkammer des mittelalterlichen Gelehrten (man vergleiche hierzu die Bücherverzeichnisse, die in den Beiträgen zur Geschichte der Universität Leipzig im Jahre 1500, Leipzig 1909, S. 24 ff. veröffentlicht worden sind). Besonders bemerkens wert ist zu sehen, wie bis zum magister in artibus der Studierende in den Schriftstellern des Altertums lebt, von da an in den Kirchenvätern, dem kanonischen Recht und der Scholastik; nur Aristoteles und Seneca mit der ihm fälschlich zugeschriebenen Schrift de quattuor virtutibus cardinalibus reicht in die theologische Welt hinüber.

In der Rede auf die Baccalare (das Thema stammt aus Aristoteles) werden Stellen aus der Ethik, Rhetorik, den Kommentatoren Eustratius und Porphyrius zitiert, ferner Ciceros Laelius, Seneca, Boethius, die disticha Catonis und Cassiodors epistulae; die Rede ist geschmückt mit Versen aus Alanus, Henricus Septimallensis und dem Facetus. Bedeutend erweitert ist die Kenntnis in der Rede auf die magistri in artibus (das Thema stammt aus Horaz). Neben den erwähnten Schriftstellern werden herangezogen: Cicero, de officiis und die Tusculanen, Sallusts Catilina und Iugurtha, Terenz, Vergils Georgica, Ovids amores, ars amatoria, remedium amoris, metamorphoses, tristia, ex Ponto, Horazens epistulae häufig, Iuvenals Satiren häufig. Ferner erscheinen Lactanz und Hugo von St. Victor, Walter von Chatillon mit seiner Alexandreis und Matthias Vindocinensis mit seiner historia Tobiae, an drei Stellen Petrarca, der einzige Italiener, der zitiert wird. Mit erfreulicher Frische werden Verschen eingestreut, Sprichwörter, selbst ein bucardisches Liedchen erscheint, das einzige Mal, daß ein paar deutsche Worte in den Reden sich finden. Diese Rede bringt einen höchst bemerkenswerten Vergleich der Kandidaten mit Tieren. Die Nachrichten über die Tiere sind einmal dem Physiologus und dann dem Sammelwerk des Bartholomäus von Glanvilla (proprietates rerum) entnommen, ohne daß die Quellen angegeben wären. In einer anderen Rede werden die Kandidaten mit Edelsteinen verglichen. Die zitierten Quellen dafür Hermes Trismegistos, das Steinbuch des Arnoldus Saxo (de virtute universali III), des Albertus Magnus mineralia, das Steinbuch des Arabers Alkindi, das Kräuterbuch des Aemilius Macer (de virtutibus herbarum) bringen aber keine Ähnlichkeiten, am meisten noch die sigilla lapidum des Enax = Marbod, so daß das hier benutzte Compendium noch nicht gefunden ist. Gleichfalls ein Compendium ist für die Nachrichten über die griechischen Philosophen vorauszusetzen, wenngleich für die Einzelheiten sich bestimmte Quellen aufzeigen lassen. Die Verwertung des Philosophen läßt uns einen tiefen Einblick in die rein äußerliche anekdotenhafte, moralisierende Kenntnis des Mittelalters von der Antike tun. Die Wertschätzung der Schriftsteller zeigt sich in den Beiwörtern, mit denen sie eingeführt werden. Aristoteles heißt schlechthin philosophus, Cicero ille eloquentiae monarcha oder eloquentiae pater, Virgil optimus poetarum, Properz eximius wie der Dichter Galfredus, Horaz doctus, Ovid ingeniosissimus, Cato moralissimus, Seneca venerabilis wie Boethius und Richard von St. Victor, der Dichter Alanus maximus, Bernhard von Clairvaux devotus.

Für die A r t d e r B e n u t z u n g ist besonders die Rede bei der Überreichung der insignia interessant. Die divinae institutiones des Lactanz werden vom Redner derartig benutzt, daß er auch die dort stehenden Ovid- nnd Cicerozitate ohne weiteres mitübernimmt. Die Rede setzt sich förmlich aus antiken Zitaten zusammen; für die Bedeutung der Philosophie werden hintereinander Plato, Isokrates, der magister Leontinus = Gorgias, Ennius angeführt, nur weil sie in derselben Reihenfolge in der benutzten Quelle, in Ciceros Cator maior 5, 13 stehen. Die Rede ist zugleich auch ein Beispiel für V e r a r b e i t u n g ohne Quellenangabe (Cicero Tusc. V 2, 5,

Cat. mai. 5, 13; Parad. Stoic. V 1, 34). Die Zitate sind im allgemeinen ganz zuverlässig und gehen auf ganz bestimmte Stellen, einige wenige auf den Inhalt ganzer Bücher. Einzelheiten wie poeta Sallustius für Persius oder Boethius in consulato philosophico oder Ambrosius de trinitate statt de fide oder Isidorus in libro ethicorum statt etymologicorum oder Aristoteles philosophicorum statt physicorum sind Versehen, vielleicht bloß des Schreibers, ebenso wenn eine Stelle von Tullius in quadam invectiva contra Catilinam zitiert wird, sich aber pro Caelio 26, 63 findet. Selten wird nur dem Sinn nach zitiert; so findet sich das dem Horaz zugeschriebene Wort: bonum est bonos laudare in dessen Werken nicht; auch das Thema einer Rede: sunt illis mores, alta sunt ingenia quoque erinnert nur sehr entfernt an epist. I 1, 57. In vereinzelten Fällen sind die Zitate vergröbert, so Hieronymus ad Iov. I 48 in der Rede auf die magistri. Als Ausnahme kommt es vor, daß die Zitatenwut den Redner veranlaßt, ein Wort völlig aus dem Zusammenhang zu reißen und in ganz anderem Sinne zu verwenden wie Boethius phil. cons. IV, metr. 6. Kleine Abbiegungen nach dem Sinn, der in der Rede gebraucht wird, kommen vor. Seneca spricht epist. I 2, 3 über die Unbeständigkeit im Bücherlesen, der Redner zitiert die Stelle für die Unbeständigkeit überhaupt; Hugo didasc. III 13 bespricht mentem humilem, der Redner zitiert mentem patientem, weil er über die patientia spricht. Das wörtliche Zitieren ist fast durchweg die Regel, selten werden die Zitate in Umschreibung gebracht (Boeth. phil. cons. IV 3; Hor. epist. I 2, 30—36; Sen. de quat. virt. IV 7; Hieron. ad rust. mon. IV 6, 13).

Die Kenntnis der Kirchenväter beruht auch nur zum Teil auf eigener Lektüre, so bei Augustin und Gregors moralia; benutzt ist der manipulus florum des Thomas Hibernicus; eine größere Anzahl von Stellen ist dem kanonischen Recht entnommen. Wir finden die Namen von Ambrosius, Chrysostomus, Cyprianus, Hieronymus, Lactanz, Bernhard von Clairvaux, Hugo und Richard von St. Victor, Durandus und Thomas von Aquino. Für das klassische Altertum stehen Hilfsmittel zu Gebote, Zitate herauszusuchen, für das Mittelalter war die Aufgabe zum Teil sehr erschwert und zeitraubend, daß ich mit der Lösung der Aufgabe nicht ganz soweit gekommen bin, wie es wünschenswert ist; 10 schwer zu findende Stellen verdanke ich dem Collegium S. Bonaventurae in Brozzi-Quaracchi (Florenz).

I. Klassische Autoren.

1. Dichter.

Cato disticha (Poetae latini minores. M. Baehrens III 217) II 20 III 1 III 19 IV 20 IV 23 IV 29

Horatius carmina III 6, 46
satirae II 7, 83—84
epistulae I 1, 38—40 I 1, 41 cf. I 1, 57 I 2, 19 I 2, 29 I 2, 30 I 2, 40 I 4, 12 I 16, 75—79 I 17, 35 I 18, 68—71 II 1, 262—263
ars poetica 25. 335—336. 391—396

Iuvenalis satirae I 147—149 I 161 VII 210—212 VIII 20 VIII 64. 74—76. 68—69 X 1—3 XI 11 XI 27 XIII 191—192 XIII 194. 196. 198 XIV 44—46 XV 143—146 XV 174

Ovidius amores III 8, 3
ars amatoria II 662
remedium amoris 81, 91—93. 161—162. 253. 255. 259
metamorphoses I 43—44 I 76 I 84—86 XV 160
tristia V 12, 37
ex Ponto II 5, 60 IV 2, 35—40

Persius satirae V 174

Propertius carmina III 9, 20

Statius Thebais II 236 VI 295

Terentius Andria I 1 (68) I 1 (77) II 1 (193)
Phormio II 4 (454)

Vergilius georgica II 478—479. 490

2. Prosaiker.

Anaximenes rhetorike prooemium 1421 a 1 (Rhetorici Graeci I 2 Spengel-Hammer)

*Apuleius (2 Stellen)

Aristoteles ethica I 1 1095 a 6 I 2 1095 b 10 I 3 1095 a 4 I 4 1096 a 16 I 6 1098 a 18 I 9 1099 a 4 *(2 Stellen) II 1 1103 a 17 II 2 1104 a 17 II 2 1104 a 33 II 2 1105 a 9 II 3 1105 b 2 III 9 1115 a 7 III 13 1127 a 24 III 14 1119 a 16 III 15 1119 b 15 IV 7 1123 b 35 IV 7 1124 a 25 IV 11 1126 a 2 IV 11 1126 a 16 IV 12 1126 b 29 IV 12 1126 b 36 IV 13 1127 a 20 IV 13 1127 a 24 IV 13 1127 b 28 V 3 1129 b 28 *VI (2 Stellen) VII 12 1152 b 17 VIII 1 1155 a 26 IX 4 1166 a 12 X 7 1177 a 25 X 10 1179 b 20 X 10 1179 b 31 X 10 1180 a 6

Aristoteles de anima II 2 414a 11 *II (1 Stelle) III 9 430a 1 III 9 433a 8
de caelo I 1 268a 11 *I (1 Stelle) III 2 301a 4
elenchi sophistici 33 183b 25
de generatione *II (1 Stelle)
metaphysica I 1 980a 22 I 1 980b 23 I 1 983a 5 *II (1 Stelle)
meteorologica *I (1 Stelle)
de morte *(1 Stelle)
physica VIII 1 252a 11
physice acroasis II 8 199a 26
physiognomica 805a 1
politica I 12 1259b 25 V 12 1316a 10
problemata *(1 Stelle)
rhetorica I 5 1361a 25 I 6 1362a 33 I 9 1366a 24 I 10 1369a 4
secreta secretorum (Hain 1779)
de regimine principum (Hain 1780)
Cicero oratio pro Caelio 63
Cato maior 5, 13. 12, 39
Laelius 24, 89
de natura deorum *(1 Stelle)
paradoxa Stoicorum V 1, 34
Tusculanae disputationes I 18, 41 II 4, 11 III 14, 29 V 2, 5
fragmenta philosophica V 36 [C. F. W. Müller]
officia I 2, 4 I 15, 47 I 15, 48 I 19, 65 I 25, 88 II 7, 24 III 5, 25 III 30, 110
Macrobius saturnalia I 6, 6
commentarius in somnium Scipionis I 14, 15
Plato Timaeus *(1 Stelle)
De educatione liberorum = res publica *(1 Stelle)
Plinius naturalis historia X 15 *XXXVII, 4, 15
Plutarchus epistula ad Traianum de institutione principis (VII 183 Bernardakis)
Sallustius bellum Iugurthinum 2, 1. 55, 4. 85, 9. 29. 40
bellum Catilinae 1, 1. 1, 4, 10, 5. 11, 2. 11, 3
Seneca *de ira II 36, 5
epistulae morales I 2, 3 I 2, 4 I 6, 4 I 7, 2 II 8, 2 II 9, 2 II 18, 5 IV, 2, 10 V 12, 14 IX 5, 3 XIII 3 XVIII 5, 27
de quattuor virtutibus cardinalibus (F. Haase III 468) II 2 II 4 II 9 II 10 IV 6 IV 7 IV 13 IV 17 V 5
Theophrastus *de nuptiis (J. G. Schneider 1821 V 221)
Valerius Maximus memorabilia V 3 ext. 2 VI 9 ext. 1 VI 9 ext. 7 VII 2 ext. 5 VIII 7 ext. 6 VIII 15
Valerius Rufino ne ducat uxorem = Hieronymus epist. XI (MPL 22 336 CD).
(Varro) sententiae (Peter Germann Paderborn 1910) 53. 67. 142.

II. Mittelalterliche Autoren.

1. Dichter.

Alanus Anticlaudianus (Migne Patrologia Latina 210) III 1, 123—126 V 5, 36—43 V 9, 13. 45 V 9. 20—21. 24. 26. 45
Archithrenius *(1 Stelle)
Parabola I 5 I 11 I 39
de planctu naturae (MPL 210) 450. 456D. 464D. 465A. 474A
Proverbia *(1 Stelle)
Facetus 29—30. 37—38
Galfredus de vino salvo Poetria nova (P. Leyser hist. poet. et poem. med. aevi Halae Magdeb. 1741) 1702—1705
Galterus Alexandreis (F. A. W. Mülder, Walter von Chatillon, Leipzig 1863) I 104. 165. 178
Henricus pauper elegia de diversitate fortunae (Henricus Septimellensis MPL 204) I 19—20
Marbod liber lapidum (J. Beckmann 1799)
Matthaeus Vindocinensis historia Tobiae (MPL 205) 948AB 952A 978C
Metra communia
Proverbia
Sedulius carmen paschale (Corpus scriptorum ecclesiasticorum Latinorum 10) I 60—61. 64—67. 70—72. 78.

2. Prosaiker.

Aemilius Macer de virtutibus herbarum (Sillig 1832) II 31
Albertus Magnus mineralia (A. Borguet 1890 V) II tract. 2, 17
Jakobus Alkindus *lapidarius (Hammer-Purgstall, Litg. der Araber 1850 I 3, 249)
Ambrosius de excessu fratris Satyri (MPL 16) II 1398A
de fide I 570D
de officio ministrorum I 24 62A *(1 Stelle)
Anselmus de conceptu virginali (MPL 158) c. 1—3
cur Deus homo I 12
Arnoldus Saxo lapidarius (= de virtute universali III Hain 1807)
Augustinus de baptismo V 9, 11 (CSEL 51 271, 25)
de baptismo parvulorum I 39 II 27 *II
de bono disciplinae = de disciplina christiana 2 979A
de civitate dei VII 32 XI 19
de conflictu vitiorum et virtutum 26 1605B
de doctrina christiana I 36 II 42
epistulae
ad fratrem in eremo (MPL 40 1887B)
*ad Alypium
ad Italam = epist. 92, 3
ad Volusianum = epist. 137 5, 17
de videndo deo = epist. 147 22, 51
*contra Faustum
de fuga mulieris = sermo 293
super genesim ad literam II 9
super Iohannem tract. V 1 XXVI
de laude caritatis = sermo 350
*de laude sacrae scripturae = sermo
contra mendacium X 24
de nuptiis et concupiscentia I 23, 26 I 25, 28

Augustinus *de quaestionibus ewangelistarum III
de trinitate I 3 II 1 IV 1 IV 6 V 1 XIII 4 XIV 2
de vera religione 31 *(1 Stelle)
Pseudo-Augustinus de spiritu et anima c. 24 (MPL 40, 796)
de XII abusionum gradibus 9 (MPL 40, 1085)
Avicenna de natura *tract. V
Bartholomaeus de Glanvilla de proprietatibus rerum [Hain 2498] XVIII 28. 44. 51. 57. 63. 66. 67. 74. 90. 101. 112
Beda *super libros regum (MPL 91 715 oder 93 429) = Decr. Grat. I c. 8 D. 37
Bernhard sermones *40 *(3 Stellen)
super cantica (MPL 183 1027)
Boethius de philosophiae consolatione (R. Peiper 1871) I 1 (metr.) I 7 (metr.) III 2 (pros.) III 2 (pros.) III 6 (metr.) III 9 (pros.) III 10 (metr.) IV 3 (pros.) IV 6 (pros.) IV 6 (metr.) V 5 (metr.)
*de summo bono
de scholarium disciplina VI (MPL 64 1235 C)
Cassiodorus epistulae (= Variae, Monumenta Germ. Hist. auct. ant. 12, 55) II 16 *(4 Stellen)
Chrysostomus homilia in Iohannem (MPG 59) VIII 1 XIX 1
homilia super Matthaeum (MPG 57) *XXV
*homilia super Lucam (MPG 58)
Clemens Romanus *recognitiones (MPG 1 1206)
Cyprianus *sermones (CSEL III 1—3)
Dionysius Areopagita caelestis hierarchia (MPG 3) II 5
*Durandus
Enax de sigillis lapidum = Marbod
Eustratius *commentarius in Aristotelem (XX G. Heylbut 1892)
Gilbertus de Hoilandia in cantica sermones V (MPL 184 33 C)
Gregorius Magnus registrum (= epistulae MPL 77) III 67 *(1 Stelle)
homiliae super Ezechielem I 7 (MPL 76)
homiliae in ewangelium I 17
*homiiae super Matthaeum
moralia (MPL 75) prol. c. IV I 16 II 1 XVII 21 XVIII 41 XIX 25 XXIV 25 *XXXII *(3 Stellen)
regula pastoralis I 1 III 4
Gregorius (IV) = c. 6 D XLV
*Henricus de Gandave = Heinrich von Gent
Hermes Trismegistos *de praecellentibus herbis
*de virtutibus sugentium lapidum
Hieronymus epistulae (MPL 22) 9, 37 22, 30 52, 11 53, 1 *53 58, 9 84, 3 125, 11 *(2 Stellen)
Hieronymus commentarius ad Galatas III 5 (MPL 26)
contra Iovianum I 48 *II (MPL 23)
explanationes super Micheam I 2 (MPL 25)
in psalmos CLVII (MPL 26 1334 C)
super Iesaiam prol. (MPL 24)
Hugo von St. Victor didascalicon (MPL 176) III 4. 5 III 13 III 14 *(1 Stelle)
de institutione novitiorum 10
de anima I 13 (vgl. Bernhard, meditationes MPL 184) III 41, 83 (vgl. Bernhard, de interiore domo MPL 184) III (MPL 175 11)
de archa Noe II 11
de claustro animae III 8
de sacramentis I 9, 6 II 5, 2
*de diverso modo vocationis
Isidorus von Sevilla etymologiarum VI 16, 3 X 2, 3 XII 2
de summo bono = sententiarum III MPL 83 679 (*2 Stellen)
Iustinianus codex Iustinianus I 27 = Corpus iuris civilis II 77
Lactantius divinae institutiones I 1, 7 II 1, 15 II 11, 16 III 2, 6 III 3, 7. 4, 1. 4, 11 III 15, 1. 8 III 16, 3. 11 IV 1, 28 V 22, 3
Petrarca de remediis fortunae II dial. 25; II dial. 41 *(1 Stelle)
Petrus Blesensis epistulae (MPL 207) VII CXL
compositiones in Iob
Petrus Damianus *epistulae
Physiologus (Max Goldstaub, der Physiologus und seine Weiterbildung. Philologus VIII Suppl. 339)
(Iohannes Pisanus) liber scientiae perspectivae
Porphyrius isagoge et in categorias commentarius (IV 1 A. Busse 1887)
*Quidrinus liber quatripartitus I 16
Richardus von St. Victor Benjamin minor c. 1 (MPL 196) *(2 Stellen)
Rupertus de Rogio expolitio Catonis (= Robertus de Euromodio Basel 1486)
de adulatione (Bl. 12 des Exemplars der Leipz. U.-Bibl.)
Scotus Erigena expositio super hierarchiam caelestem S. Dionysii I (MPL 122)
Simplicius *commentarii in Aristotelem
Thomas von Aquino summa phil. cath. fidei contra gentiles I 2
quaestiones quodlibetales I 14 c
sententiarum *I
de Argentino *(4 Stellen)
(Thomas Hibernicus) manipulus florum (editio Veneta)

III. Index nominum.

SÄCHSISCHE AKADEMIE DER WISSENSCHAFTEN ZU LEIPZIG

Philologisch-historische Klasse.

Von Druckschriften der Akademie sind separat erschienen:

Zur Geschichte:

Aus den Abhandlungen:

J. G. Droysen, Eberhard Windeck. II (1853), 3 . . . . M. 1.20
—— Zwei Verzeichnisse, Kaiser Karls V. Lande, seine und seiner Großen Einkünfte und anderes betreffend. II (1854), 6 . . . . M. 1.—
—— Das Stralendorffische Gutachten. III (1860), 3 . . . . M. 1.20
—— Das Testament des Großen Kurfürsten. V (1866), 3 . . . . M. 1.20
—— Die Schlacht von Warschau 1656. Mit 1 Tafel. IV (1863), 4 . . . . M. 2.30
H. Gelzer, Die Genesis der byzantinischen Themenverfassung. Mit 1 Karte. XVIII (1899), 5 M. 4.40
—— Das Patriarchat von Achrida. Geschichte und Urkunden. XX (1902), 5 . . . . . M. 7.20
A. Hauck, Die Entstehung der geistlichen Territorien. XXVII (1909), 18 . . . . . . M. 1.20
K. Lamprecht, Zur universalgeschichtlichen Methodenbildung. XXVII (1909), 2 . . . . M. 1.20
Th. Mommsen, Über das römische Münzwesen. I (1850), 3 . . . . M. 2.50
—— Über den Chronographen v. J. 354. Mit einem Anhang über die Quellen der Chronik des Hieronymus. I (1850), 6 . . . . M. 2.—
—— Polemii Silvii laterculus. II (1853), 4 . . . . M. —.80
—— Volusii Maeciani distributio partium. II (1853), 5 . . . . M. —.30
—— Die Stadtrechte der latinischen Gemeinden Salpensa und Malaca in der Provinz Baetica. II (1855), 7. [Vergriffen.]
—— Nachträge. II (1855), 8 . . . . M. —.80
—— Die Chronik des Cassiodorus Senator vom Jahre 519 n. Chr. III (1861), 5 . . . . M. 2.—
G. Seeliger, Die soziale und politische Bedeutung der Grundherrschaft im frühen Mittelalter. Untersuchungen über Hofrecht, Immunität und Landleihen. XXII (1903), 1 . . . . . M. 6.40
—— Studien zur älteren Verfassungsgeschichte Kölns. 2 Urkunden des Kölner Erzbischofs von 1169. Mit 1 Plane von Köln. XXVI (1909), 3 . . . . M. 5.40
G. Voigt, Die Denkwürdigkeiten (1207—1238) des Minoriten Jordanus von Giano. V (1870), 6 M. 1.40
—— Die Geschichtschreibung über den Zug Karls V. gegen Tunis. VI (1872), 2 . . . M. 1.—
—— Die Geschichtschreibung über den Schmalkaldischen Krieg. VI (1874), 6 . . . . M. 3.—
A. Westermann, Untersuchungen über die in die attischen Redner eingelegten Urkunden. I (1850), 1 . . . . M. 1.50
E. v. Wietersheim, Der Feldzug des Germanicus an der Weser. I (1850), 4 . . . . . M. 1.50
U. Wilcken, Zum alexandrinischen Antisemitismus. XXVII (1909), 23 . . . . M. 2.—

GPSR Compliance

The European Union's (EU) General Product Safety Regulation (GPSR) is a set of rules that requires consumer products to be safe and our obligations to ensure this.

If you have any concerns about our products, you can contact us on ProductSafety@springernature.com

In case Publisher is established outside the EU, the EU authorized representative is:

Springer Nature Customer Service Center GmbH
Europaplatz 3
69115 Heidelberg, Germany

Batch number: 10816685

Printed by Printforce, the Netherlands